Mamadou Lamine Diagne

# Modélisation et étude mathématique de la prolifération du Typha

Mamadou Lamine Diagne

# Modélisation et étude mathématique de la prolifération du Typha

## Analyse et orientation

**Presses Académiques Francophones**

**Impressum / Mentions légales**

Bibliografische Information der Deutschen Nationalbibliothek: Die Deutsche Nationalbibliothek verzeichnet diese Publikation in der Deutschen Nationalbibliografie; detaillierte bibliografische Daten sind im Internet über http://dnb.d-nb.de abrufbar.

Alle in diesem Buch genannten Marken und Produktnamen unterliegen warenzeichen-, marken- oder patentrechtlichem Schutz bzw. sind Warenzeichen oder eingetragene Warenzeichen der jeweiligen Inhaber. Die Wiedergabe von Marken, Produktnamen, Gebrauchsnamen, Handelsnamen, Warenbezeichnungen u.s.w. in diesem Werk berechtigt auch ohne besondere Kennzeichnung nicht zu der Annahme, dass solche Namen im Sinne der Warenzeichen- und Markenschutzgesetzgebung als frei zu betrachten wären und daher von jedermann benutzt werden dürften.

Information bibliographique publiée par la Deutsche Nationalbibliothek: La Deutsche Nationalbibliothek inscrit cette publication à la Deutsche Nationalbibliografie; des données bibliographiques détaillées sont disponibles sur internet à l'adresse http://dnb.d-nb.de.

Toutes marques et noms de produits mentionnés dans ce livre demeurent sous la protection des marques, des marques déposées et des brevets, et sont des marques ou des marques déposées de leurs détenteurs respectifs. L'utilisation des marques, noms de produits, noms communs, noms commerciaux, descriptions de produits, etc, même sans qu'ils soient mentionnés de façon particulière dans ce livre ne signifie en aucune façon que ces noms peuvent être utilisés sans restriction à l'égard de la législation pour la protection des marques et des marques déposées et pourraient donc être utilisés par quiconque.

Coverbild / Photo de couverture: www.ingimage.com

Verlag / Editeur:
Presses Académiques Francophones
ist ein Imprint der / est une marque déposée de
OmniScriptum GmbH & Co. KG
Heinrich-Böcking-Str. 6-8, 66121 Saarbrücken, Deutschland / Allemagne
Email: info@presses-academiques.com

Herstellung: siehe letzte Seite /
Impression: voir la dernière page
**ISBN: 978-3-8416-3009-4**

Zugl. / Agréé par: Mulhouse, Université Haute Alsace, 2013

Copyright / Droit d'auteur © 2015 OmniScriptum GmbH & Co. KG
Alle Rechte vorbehalten. / Tous droits réservés. Saarbrücken 2015

# Remerciements

Le chemin de la thèse est si long et parsemé d'embauches qu'il est très difficile, voire impossible, d'arpenter en solitaire. Dès lors, il est un devoir qu'au terme de cette aventure, de formuler des remerciements à tous ceux qui, de près ou de loin, ont contribué à sa mise en œuvre et à son achèvement. Mes remerciements vont tout d'abord au Professeur Mary Teuw Niane pour son rôle de catalyseur et de facilitateur. Travailler sous votre direction a été une chance et un honneur pour lesquels je ne cesserai de rendre grâce à Dieu.

J'exprime toute ma gratitude, mon admiration, et mon profond respect à mes co-encadreurs, Professeur Tewfik Sari et Dr Papa Ibrahima Ndiaye. Votre confiance, vos encouragements et votre attachement à la rigueur scientifique ont été très déterminants dans la réalisation de cette thèse. Vos qualités d'encadreur, votre sens de la responsabilité, votre disponibilité et vos capacités d'écoute m'ont émerveillés dès le premier contact.

Je voudrais associer à ces remerciements les professeurs Jean Michel Tchuenche, Abderrahman Iggidr et M Aziz Alaoui pour avoir accepté de rapporter et d'examiner cette thèse. Mes remerciements s'étendent aux autres membres du jury, et particulièrement au Pr. Abdou Sène et Pierre Auger, qui ont suivi avec beaucoup de rigueur l'évolution de cette thèse. C'est un honneur d'être lu et évalué par ces grands chercheurs.

J'exprime toute ma reconnaissance aux équipes de recherche de MODEMIC (Inra/Inria, Montpellier), LMIA (UHA, Mulhouse) de m'avoir accueilli en leur sein et d'avoir facilité mon intégration. Merci de votre ouverture, votre disponibilité et de vos encouragements. Je pense particulièrement à ; Augustin Fruchard (Directeur du LMIA) M. Alain Rapaport, Directeur de l'équipe MODEMIC, à Fabian Campillo, Jérôme Harmand et Jean-Pierre Vila pour leur soutien moral. Je n'oublie pas les camarades doctorants dont la collaboration et les échanges ont été très fructueux.

A tous les membres du laboratoire LANI avec lesquels je partage l'amour des mathématiques appliquées, je dis merci de m'avoir offert un cadre convivial pour la recherche. Veuillez trouver ici l'expression de toute ma gratitude et ma reconnaissance. Je voudrais remercier, nommément, Mamadou Sy, Ordi, Moussa lo et Ngalla Djitté.

Un grand merci à mes camarades de promotion ; c'est avec émotion que je me remémore les bons moments de communion. Vous avez toujours été chaleureux, bienveillants, et fait montre d'une solidarité légendaire.

Mention spéciale à ma famille, parents, frères et sœurs, tantes, oncles, cousins et cousines pour leur bienveillance, leur soutien inconditionnel et leurs prières qui m'ont constamment accompagnés et donné la force de me battre et de garder espoir lorsque j'en avais plus. Les mots ne suffisent pas pour exprimer tout ce que je vous dois… Je sais que vous ne comprenez pas toujours mes choix ; néanmoins votre soutien est indéfectible. Merci d'être là et de me faire confiance.

Je ne saurai terminer ces remerciements sans en adresser à mes amis qu'ils soient de Diourbel, de Dakar, de Thies, de Saint--Louis, de Bambey, de Mulhouse, de Montpellier. Je leur dois beaucoup ; qu'ils en soient remerciés.

A l'Agence Universitaire de la Francophonie, l'UNESCO, UMMISCO, Aire Sud je dirais merci pour avoir "investi" sur moi en finançant entièrement cette thèse.

Enfin, merci à tous ceux qui de près ou de loin ont contribué à la réalisation de cette thèse. Vous méritez toutes les éloges et si votre nom n'apparaît pas sur ce bout de papier, sachez quand même qu'il est gravé en lettres d'or dans mon cœur.

" La plupart d'entre nous préfèrent être celui qui aime. Car la stricte vérité, c'est que d'une façon profondément secrète, pour la plupart d'entre nous, être aimé est insupportable." (C. Mc Cullers)

# Dédicaces

A mon guide Spirituel

A Ndeye Fatou et Karima.

A Cheikh Sarr et Cheikh Ada.

A ma famille

A mes amis

# Résumé

Dans cette thèse, nous présentons un modèle à commutation de la dynamique de prolifération d'une plante aquatique envahissante : le *Typha*. Ce modèle appartient à la classe des systèmes hybrides qui sont relativement récents en biomathématique. Il décrit la dynamique de colonisation de la plante en prenant en compte la saisonnalité de l'un des modes de reproduction qu'est la reproduction sexuée. Cette étude est motivée par le fait que durant cette dernière décennie, le *Typha* est parvenu à coloniser le Parc National des Oiseaux de Djoudj (PNOD), perturbant ainsi l'écosystème et encombrant considérablement les activités agricoles des populations locales. Il y a eu différentes formes de luttes expérimentées pour réduire sa prolifération. Toutefois, ces mesures se sont avérées peu efficaces et d'un coût financier considérable. Pourtant, il existe des modèles mathématiques sur le développement du *Typha* susceptibles de favoriser une lutte efficace contre cette plante envahissante. Mais ils sont phénologiques. Notre travail fait partie d'un effort de contribution écohydrologique pour la compréhension des rôles de chaque type de reproduction sur la dynamique de prolifération. Le travail mené dans cette thèse vise à construire un modèle mathématique en considérant des hypothèses biologiques sur la reproduction du *Typha*, à analyser le modèle afin de suggérer une stratégie de lutte inspirée par les mathématiques. Nous analysons les sous-modèles qui composent le modèle à commutation et en ajoutant certaines hypothèses sur les valeurs des paramètres du modèle. Nous étudions d'abord l'équilibre nul du modèle à commutation. Ensuite, nous analysons un modèle de dimension deux qui constitue le modèle réduit du modèle général pour confronter les résultats avec ceux qu'on ne pourrait démontrer avec le modèle général de dimension trois. Enfin, nous déterminons une condition d'existence de cycle limite du modèle réduit. Nous établissons, pour tous les cas étudiés, la stabilité asymptotique et globale de l'équilibre nul (équilibre sans plante) lorsque le taux de reproduction de base du système considéré est inférieur à 1. Nous obtenons également pour chacun des sous-modèles étudiés, une condition de stabilité asymptotique de l'équilibre positif lorsque son taux de reproduction de base est supérieur à 1. Dans le cas du modèle réduit, nous montrons que lorsque la moyenne pondérée des taux de reproduction de base des sous-modèles est inférieure à 1, les solutions convergent vers l'équilibre nul. Par contre, lorsque cette moyenne est supérieure à 1, nous montrons l'existence d'un cycle limite.

**Mots clés** : Modélisation, systèmes dynamiques non linéaires, taux de reproduction de base $\mathcal{R}_0$, stabilité globale, *Typha*, modèles hybrides, simulation numérique.

# Abstract

In this thesis, we propose and analyze a switching dynamics model of the proliferation of invasive aquatic plant : *Typha*. This model which belongs to the class hybrid systems is relatively new in the field biomathematics. It describes the colonization dynamics of the plant taking into account the seasonality of type of reproduction : the sexual reproduction. During the last decade, the plant has colonized PNOD, disrupting the ecosystem and also causing enormous problems for the local population. There had been several significant attempts to reduce its proliferation. However, these attempts have been futile an inefficient due to the large financial cost.

There are some few phenological mathematical models on development of *Typha*. The propose study is part of an eco-hydrological effort to contribute to the understanding of the roles of each type of reproducing on the proliferation dynamics of *Typha*. The three main goals of this thesis are : To construct a mathematical model based on biological hypotheses of the reproduction of *Typha*,

– analyze the model and
– suggest a proliferation combatting strategy.

We analyze sub-models that make up the switching/commutation model by assumptions or considering some hypothesis on the values of the model parameters. We study the zero equilibrium of the switching model, and then we propose and analyze a two-dimensional model by reducing the general model to set the stage for the analysis of the more complicated general three- dimension model. Finally, we determine a condition for the existence of limit cycle of the model. In all the sub-models studies, we establish the local and glob al asymptotic stability of zero equilibrium (equilibrium without any *Typha* plant) when the basic reproduction rate of the system under consideration is less than unity. We also obtain the condition under which the positive or non-zero equilibrium of the model/sub-models asymptotically stable when the basic reproduction rate is greater than unity. For the specific case of the reduced model, we show that when the weighted average of the breeding rate of this sub-model is less than 1, the solutions converge to the zero equilibrium. When this average is greater than 1, we prove the existence of a limit cycle.

**Keywords** : Modelling, nonlinear dynamical system, basic reproduction ratio $\mathcal{R}_0$, global stability, hybrid models, *Typha*, numerical simulation.

# Table des matières

Résumé .................................................................. v

Abstract ................................................................ v

1. Un principe de modélisation mathématique ........................... 5
   1.1. Une approche de modélisation ................................... 6
      1.1.1. Aspects d'une modélisation mathématique ................... 6
      1.1.2. Analyse compartimentale ................................... 7
      1.1.3. Aspects d'un modèle bien posé ? .......................... 11
   1.2. Solutions d'un système d'EDO .................................. 12
      1.2.1. Définitions .............................................. 12
      1.2.2. Théorèmes d'existence et d'unicité des solutions ......... 13
      1.2.3. Continuité des solutions par rapport aux conditions initiales ........ 16
      1.2.4. Extension des solutions .................................. 16
      1.2.5. Notion de flot ........................................... 17
      1.2.6. Système dynamique ........................................ 18
      1.2.7. Orbites (trajectoires) et ensemble invariants ............ 18
      1.2.8. Ensembles limites ........................................ 19
      1.2.9. Notions de cycle ......................................... 20
      1.2.10. Solution de Carathéodory ................................ 21
   1.3. Systèmes dynamiques Hybrides .................................. 22
      1.3.1. Types de système hybride ................................. 25
      1.3.2. Solution d'un système hybride ............................ 28
      1.3.3. Existence et unicité des exécutions (solutions) .......... 31

**2. Modélisation de la prolifération du *Typha* au voisinage d'un ouvrage**     **35**

    2.1. Généralités sur le genre *Typha* . . . . . . . . . . . . . . . . . . . . . . . . . . 37

       2.1.1. Description . . . . . . . . . . . . . . . . . . . . . . . . . . . . . . . . . 37

       2.1.2. Reproduction et prolifération . . . . . . . . . . . . . . . . . . . . . 38

       2.1.3. Distribution et Typhacés au Sénégal . . . . . . . . . . . . . . . . . 38

    2.2. Modélisation mathématique . . . . . . . . . . . . . . . . . . . . . . . . . . . . . 39

       2.2.1. Formulation du modèle de base . . . . . . . . . . . . . . . . . . . . 39

       2.2.2. Modèle bien posé . . . . . . . . . . . . . . . . . . . . . . . . . . . . . . 45

    2.3. Taux de reproduction de base et équilibres des sous-systèmes . . . . . . . . 47

       2.3.1. Points d'équilibre du sous-système actif en période d'émergence des jeunes pousses issues de la reproduction sexuée . . . . . . . . . . . . . . . . . 48

       2.3.2. Points d'équilibre du sous-système actif en absence d'émergence des jeunes pousses issues de reproduction sexuée . . . . . . . . . . . . . . . . . 50

    2.4. Simulations numériques . . . . . . . . . . . . . . . . . . . . . . . . . . . . . . . 52

       2.4.1. Comportement asymptotique du sous-système actif en d'émergence des jeunes pousses issues de la reproduction sexuée. . . . . . . . . . . . . . 53

       2.4.2. Comportement asymptotique du sous-système actif en absence d'émergence des jeunes pousses issues de la reproduction sexuée. . . . . . . . . . 54

       2.4.3. Simulations du système à commutation . . . . . . . . . . . . . . . 55

**3. Modèle simplifié de dimension deux**     **61**

    3.1. Modèle simplifié . . . . . . . . . . . . . . . . . . . . . . . . . . . . . . . . . . . . 62

    3.2. Stabilité du système dynamique . . . . . . . . . . . . . . . . . . . . . . . . . . 65

       3.2.1. Stabilité du système linéaire . . . . . . . . . . . . . . . . . . . . . . . 65

       3.2.2. Stabilité du système non linéaire . . . . . . . . . . . . . . . . . . . . 67

       3.2.3. Approche globale . . . . . . . . . . . . . . . . . . . . . . . . . . . . . . 67

    3.3. Étude séparée des sous-systèmes du modèle simplifié . . . . . . . . . . . . . 70

       3.3.1. Sous-système actif en période d'émergence saisonnière . . . . . . 70

       3.3.2. Sous-système actif en abscence de reproduction sexuée . . . . . . 75

    3.4. Théorie de Floquet et stabilité du modèle réduit . . . . . . . . . . . . . . . . 76

       3.4.1. Théorie de Floquet . . . . . . . . . . . . . . . . . . . . . . . . . . . . . 76

       3.4.2. Stabilité de la solution nulle du modèle simplifié . . . . . . . . . . 78

4. **Analyse asymptotique du modèle à commutation de dimension trois** — 83
   - 4.1. Fondements mathématiques — 84
     - 4.1.1. Stabilité locale des systèmes autonomes — 84
     - 4.1.2. Stabilité globale des systèmes autonomes — 88
     - 4.1.3. Stabilité des systèmes non autonomes — 95
     - 4.1.4. Système asymptotiquement monotone — 98
   - 4.2. Analyse du modèle de dimension trois — 99
     - 4.2.1. Analyse du sous-système actif en période de reproduction sexuée — 100
     - 4.2.2. Analyse du sous-système actif en période de non reproduction sexuée — 105
     - 4.2.3. Analyse du modèle dans le cas non autonome — 107
     - 4.2.4. Notion de fonction de Lyapunov commune — 108
   - 4.3. Théorie de la moyennisation et stabilité globale de l'équilibre nul du modèle 3D — 109
     - 4.3.1. Théorie de la moyennisation — 110
     - 4.3.2. Approximation — 110
     - 4.3.3. Application à la stabilité de l'équilibre nul du système de dimension trois. — 112

5. **Existence de cycle limite hybride stable pour le modèle à commutation 2D de la prolifération du *Typha*** — 119
   - 5.1. Concepts et définitions de cycle limite hybride — 121
   - 5.2. Existence d'un cycle limite hybride — 123
     - 5.2.1. Présentation de l'approche géométrique dans $\mathbb{R}^2$ — 123
     - 5.2.2. Application au Modèle à commutation 2D de la prolifération du *Typha* — 128

**Bibliographie** — 137

# Table des figures

1.1. Diagramme de transfert d'un compartiment avec une perte . . . . . . . . . . . . . 8
1.2. Exemple d'exécution d'un système hybride . . . . . . . . . . . . . . . . . . . . 24
1.3. Trajectoire du système dynamique par morceaux . . . . . . . . . . . . . . . 26
1.4. Exemple d'une trajectoire hybride $(\tau, v)$ . . . . . . . . . . . . . . . . . . . . 29
2.1. Développement du typha au voisinage d'un ouvrage . . . . . . . . . . . . . . 40
2.2. Schéma du cycle reproductif d'un typhacé . . . . . . . . . . . . . . . . . . . 41
2.3. Schéma compartimental . . . . . . . . . . . . . . . . . . . . . . . . . . . . . 42
2.4. Les trajectoires restent toujours dans $\Omega$ . . . . . . . . . . . . . . . . . . . . . 47
2.5. Projections du portrait de phase du sous-système autonome (2.10) dans les plans $(e_s, e_r)$, $(e_s, a)$ et $(e_r, a)$ lorsque $R_{0,1} < 1$. Nous illustrons la convergence du sous-système (2.10) vers l'équilibre $E_1$ lorsque $c_1 = 0.002$, $c_2 = 0.001$ et toutes les valeurs des autres paramètres sont définies dans le tableau 2.1. . . . . . . . . . . . 53
2.6. Projections du portrait de phase du sous-système autonome (2.10) dans les plans $(e_s, e_r)$, $(e_s, a)$ et $(e_r, a)$ lorsque $R_{0,1} > 1$. Nous illustrons la convergence du sous-système (2.10) vers l'équilibre $E_1$ lorsque $c_1 = 0.2$, $c_2 = 0.1$ et toutes les valeurs des autres paramètres sont définies dans le tableau 2.1. . . . . . . . . . . . . . . . . . 54
2.7. Projections du portrait de phase du sous-système autonome (2.11) dans les plans $(e_s, e_r)$, $(e_s, a)$ et $(e_r, a)$ lorsque $R_{0,r} < 1$. Nous illustrons la convergence du sous-système (2.11) vers l'équilibre $E_2$ lorsque $c_2 = 0.001$ et toutes les valeurs des autres paramètres sont dans le tableau 2.1. . . . . . . . . . . . . . . . . . . . . . . 54
2.8. Projections du portrait de phase du sous-système autonome (2.11) dans les plans $(e_s, e_r)$, $(e_s, a)$ et $(e_r, a)$ lorsque $R_{0,r} > 1$. Nous illustrons la convergence du sous-système (2.10) vers l'équilibre $E_2$ lorsque $c_2 = 0.1$ et toutes les valeurs des autres paramètres sont dans le tableau 2.1. . . . . . . . . . . . . . . . . . . . . . . . 55

2.9. Lorsque $\alpha = \frac{3}{4}$, pour les valeurs des paramètres $c_1 = 0.03$, $c_2 = 0.01$, $T = 12$ et celles dans le tableau 2.1 donnant $R_{0,\alpha} = 1.7905 > 1$, le système à commutation (2.8) converge vers un cycle. . . . . . . . . . . . . . . . . . . . . . . . . . . . 57

2.10. $\alpha = \frac{1}{6}$ et $R_{0,\alpha} = 0,846 < 1$. On a une convergence vers l'équilibre nul. . . . . . . 58

2.11. Courbes des valeurs asymptotiques de $e_s$ figure $(a)$ et de la population totale $y$ figure $(b)$ des solutions du système à commutation (2.8) en fonction de $\alpha T$ lorsque $c_1 = 0.03$, $c_2 = 0.01$, $T = 12$ et toutes les valeurs des autres paramètres sont dans le tableau 2.1 . . . . . . . . . . . . . . . . . . . . . . . . . . . . . . 59

3.1. Résumé des différents portraits de phase possibles du système $\dot{x} = Ax$, en fonction du signe de la trace et du déterminant de la matrice $A$. . . . . . . . . . . . 66

3.2. Variétés stable et instable dans le plan . . . . . . . . . . . . . . . . . . . . . . 73

3.3. Non atteignabilité de $E_0$ pour une condition initiale $m \in \overset{\circ}{\Omega}$. . . . . . . . . . . . 74

3.4. Portrait de phase du système à commutation (3.17) lorsque $\rho(M) < 1$. Nous illustrons la convergence des solutions du système à commutation vers l'équilibre nul lorsque $\alpha T = 3$. Avec cette valeur $\rho(M) = 0.9979 < 1$, $R_{0,1} = 1.6200$ et $R_{0,2} = 0.54$ . . . . . . . . . . . . . . . . . . . . . . . . . . . . . . . . . . . . . 80

3.5. Portrait de phase du système à commutation (3.17) lorsque $\rho(M) > 1$. Nous illustrons la convergence des solutions du système à commutation vers un cycle lorsque $\alpha T = 6$. Avec cette valeur $\rho(M) = 1.0590 > 1$, $R_{0,1} = 1.6200$ et $R_{0,2} = 0.54$ . . . . . . . . . . . . . . . . . . . . . . . . . . . . . . . . . . . . . 80

3.6. $\rho(M)$ en fonction de $\alpha$. . . . . . . . . . . . . . . . . . . . . . . . . . . . . . . 81

4.1. Champs de vecteurs sur l'hyperbole . . . . . . . . . . . . . . . . . . . . . . . . 91

4.2. Surface de Lyapunov pour $V(x) = \dfrac{x_1^2}{(1 + x_1^2)} + x_2^2$ . . . . . . . . . . . . . . . . 93

4.3. (a) Évolution au cours temps de la population totale $y = e_s + e_r + a$ du système moyennisé avec la condition initiale $Y_0 = (0.12, 0.45, 0.27)$. (b) Évolution au cours du temps de la population totale du système à commutation avec la condition initiale $Y_0 = (0.12, 0.45, 0.27)$. (c) Superposition des deux courbes (a) et (b). (d) Évolution au cours temps de l'erreur d'approximation des deux solutions issues de la même condition initiale. Avec les valeurs des paramètres nous obtenons $R_{0,1} = 0.108, R_{0,r} = 0.6912$ et $R_{0,\alpha} = 0.7272$. Noter que dans (d) l'échelle des ordonnées est multipliée par $10^{-4}$. (d) montre que les majorants de l'erreur d'approximation définis dans le théorème 25 sont de puissance $10^{-4}$ et atteignent au cours du temps des puissances plus petites. Ainsi, asymptotiquement l'approximation devient plus juste. . . . . . . . . . . . . . . . . . . . . . . . . . . . . . . . . . . 116

4.4. $\rho(M)$ et $R_{0,\alpha}$ en fonction de $\alpha$. . . . . . . . . . . . . . . . . . . . . . . . . . 117

5.1. Exemple de cycle limite hybride . . . . . . . . . . . . . . . . . . . . . . . . . 122

5.2. Exemples de trajectoires transverses en un point $z \in E$ de deux champs de vecteurs $f_q(\cdot)$ et $f_{q'}(\cdot)$ dans $\mathbb{R}^2$. . . . . . . . . . . . . . . . . . . . . . . . . . . 123

5.3. Exemples de trajectoires non transverses en un point $z \in E$ de deux champs de vecteurs $f_q(\cdot)$ et $f_{q'}(\cdot)$ dans $\mathbb{R}^2$. . . . . . . . . . . . . . . . . . . . . . . . . . 124

5.4. Motivation géométrique du théorème 28. . . . . . . . . . . . . . . . . . . . . 126

5.5. Motivation géometrique du théorème 29 . . . . . . . . . . . . . . . . . . . . 127

5.6. Illustration graphique de la remarque 15 . . . . . . . . . . . . . . . . . . . . 127

# Notation

### Acronymes

EDO : Équation différentielle ordinaire

SDC     Système dynamique à commutation.

SDH     Système dynamique hybride.

$E_s$ : Nombre de jeunes pousses issues des graines.

$E_r$ : Nombre de jeunes pousses issues des rhizomes.

$A$ : Nombre de Typha adultes en phase de reproduction.

$\gamma_s$ : Taux de passage de $E_s$ vers $A$.

$\gamma_r$ : Taux de passage de $E_r$ vers $A$.

$\mu_s$ : Taux de mortalité de $E_s$.

$\mu_r$ : Taux de mortalité de $E_r$.

$\mu$ : Taux de mortalité de $A$.

$K$ : Capacité de charge du milieu de développement du Typha.

## Ensembles et nombres

$\mathbb{R}$ : ensemble des nombres réels.

$\mathbb{R}_+$ : ensemble des nombres réels positifs ou nuls

$\mathbb{N}$ : ensemble des entiers naturels

$\mathbb{N}^*$ : ensemble des entiers naturels non nuls

$\omega(a)$ : ensemble oméga limite de $a$.

$\mathbb{R}^n$ : espace vectoriel de dimension $n$ construit sur le corps des réels.

$E^s$ : sous-espace stable d'un système linéaire.

$E^u$ : sous-espace instable d'un système linéaire.

$E^c$ : sous-espace central d'un système linéaire.

$W^s$ : variété stable d'un système non linéaire.

$W^u$ : variété instable d'un système non linéaire.

$W^c$ : variété centrale d'un système non linéaire.

$J$ : intervalle d'intérieur non vide de $\mathbb{R}$.

$I$ : intervalle de $J$.

$U$ : ouvert de $\mathbb{R}^n$.

$\Gamma$ : ensemble d'index.

$t \in \mathbb{R}_+$ : variable temporelle.

$\dot{x} = \dfrac{dx}{dt}$ : dérivée de la variable $x$ par rapport au temps.

## Vecteurs et fonctions

$x$ : vecteur de $n$ composantes.

$x^T$ : transposé du vecteur $x$.

$e^x$ : fonction exponentielle de $x$.

$\mathbb{E}(T)$ : espérance mathématique de $T$.

$||.||$ : norme sur $\mathbb{R}^n$.

$\gamma_+$ : demi–orbite positive.

$tan$ : fonction tangente .

## Matrice

$A^T$ : transposée de la matrice A.

$det(A)$ : déterminant de A.

$tr(A)$ : trace de A.

$\lambda, \lambda_i$ : valeurs propres.

$v_i$ : vecteurs propres.

# Introduction générale

Les écosystèmes mondiaux font face à une prolifération avancée de certaines plantes aquatiques dans de nombreux cours d'eau et surfaces inondables. Ces invasions sont accélérées par le changement du fonctionnement physique, les conditions climatiques et environnementales mais surtout par les activités de l'homme. Elles gênent considérablement les activités socio-économiques liées à l'eau et elles engendrent une perte de la biodiversité. C'est un cercle vicieux d'autant plus que l'eau avec laquelle, ces plantes sont liées, est indispensable à la vie. La gestion de ces écosystèmes aquatiques ou semi-aquatiques est alors nécessaire pour la préservation et l'exploitation des ressources de la biodiversité.

Dans les zones humides considérées comme des écosystèmes profitables pour l'homme, la conservation de la biodiversité nécessite le développement de nouvelles stratégies. Aujourd'hui, certains pays d'Afrique de l'Ouest, notamment le Mali, la Mauritanie et le Sénégal font face à la forte prolifération du *Typha*. Cette plante aquatique envahissante appartient à la famille des roseaux. Elle colonise les zones inondables du fleuve Sénégal que se partagent ces pays grâce à ses deux modes de reproduction : une reproduction *sexuée* saisonnière et une multiplication *végétative* continue [2]. La plante adulte développe parallèlement ses deux modes de reproduction durant la période de la reproduction sexuée [1] et en dehors elle développe seulement une multiplication *végétative*. Le *Typha* adulte entame la reproduction sexuée par la production de graines qui, par la suite, donne naissance à des jeunes pousses. Quant à la reproduction asexuée, elle démarre par la naissance de sortes de racines sur la plante adulte, appelées rhizomes [1]. Le *Typha* se développe dans les eaux peu profondes et peu saumâtres mais également dans les parties d'un cours d'eau douce où le niveau de l'eau est inférieur à 3 mètres de profondeur, quelque soit le continent [29]. Cette thèse s'intéresse au développement du *Typha* dans le Parc National des Oiseaux de Djoudj (PNOD) où la multiplication végétative d'une plante débute entre 3 et 6 mois à partir de la germination des graines et la reproduction sexuée se déroule entre les mois de mars et de juin d'une année donnée [2].

Le PNOD est une zone humide située dans la vallée du fleuve Sénégal. Il est aussi un lieu de rencontre d'oiseaux migrateurs paléatiques et afro-tropicaux [78], inscrit au patrimoine mondial de l'UNESCO en 1981. Le *Typha* y était présent vers les années 50. Mais, il avait disparu durant les années 70 à cause d'une longue période d'étiage et de sécheresse. A partir de la mise en service du barrage hydro-agricole de Diama en 1986, modifiant l'écosystème du bassin du fleuve

Sénégal, le *Typha* est réapparu dans cette zone [1]. Dès lors, l'inquiétante invasion du *Typha* dans le PNOD a provoqué d'importantes nuisances environnementales, socio-économiques et sanitaires. Il s'agit essentiellement d'une perte de la biodiversité, d'une forte baisse de la rentabilité des activités économiques liées à l'inaccessibilité à l'eau pour l'agriculture, l'élevage et la pêche et la forte prévalence de certaines maladies parasitaires telles que le paludisme et la bilharziose [67].

Les méthodes de lutte mécanique, biologique et chimique utilisées contre le *Typha* dans le PNOD ont eu une efficacité variable et limitée dans le temps. Ainsi, dans le cadre d'une étude pluridisciplinaire pour mettre en place une stratégie de lutte écohydrologique, il est envisagé de mettre les mathématiques au service de cette nouvelle discipline afin de contribuer à la compréhension de la dynamique de prolifération du *Typha* dans le réseau hydrographique du parc de Djoudj et également à l'élaboration du contrôle selon l'approche écohydrologique.

Cette thèse porte sur l'élaboration et l'étude d'un modèle mathématique décrivant la dynamique de population du *Typha* aux abords d'un point d'eau douce. La modélisation mathématique de la dynamique de prolifération du *Typha* concerne peu d'activités de recherches. On peut citer seulement deux articles ( [37], [7]). Les auteurs de [37] proposent un système d'équations différentielles ordinaires décrivant la liaison entre la variation de la biomasse du *Typha* et l'impact de la photosynthèse sur sa phénologie au cours du temps. Ils montrent numériquement les effets des changements longitudinaux de température et de radiation sur la croissance de la biomasse totale du *Typha* partionnée en rhizomes, fleurs, feuilles, tiges plus leur structuration en âge tels que les paramètres du modèle sont estimés à partir de données tirées d'une longue expérience de terrain. Le second article [7] examine les effets des changements latitudinaux de température et de rayonnement sur le partitionnement de la biomasse totale au cours de la saison de croissance en rhizomes, racines, pousses florifères et végétatifs, et inflorescences avec pratiquement le même type de modèle de croissance dynamique du *Typha* comportant de nombreuses équations et de paramètres.

Dans notre travail, nous proposons un modèle mathématique à commutation non linéaire de dimension trois décrivant l'évolution au cours du temps de la prolifération du *Typha* aux abords d'un cours d'eau. Les systèmes dynamiques à commutation sont très peu utilisés en biomathèmatique, surtout ceux non linéaires, à cause de leur complexité et l'insuffisance d'outils théoriques. Ces difficultés sont plus sérieuses lorsque le modèle est non linéaire où la dimension de l'espace est supérieure à 2. Dans l'étude de notre modèle, nous avons choisi et utilisé un ensemble d'outils mathématiques pour analyser la stabilité des points d'équilibre, le comportement asymptotique des sous-systèmes et celle du système commuté dans le but de contribuer à la compréhension et au contrôle du *Typha* selon l'approche écohydrologique. Nous utilisons principalement les théories de la stabilité de Lyapunov (méthode directe et indirecte), de Floquet, de la moyennisation et également une méthode géométrique qui caractérise les conditions suffisantes d'existence d'un cycle limite hybride.

L'étude comporte cinq chapitres en plus de l'introduction et de la conclusion. Elle est organisé de la façon suivante :

**Chapitre 1 :** Nous présentons d'abord le concept de modélisation et abordons particulièrement l'approche compartimentale. Ensuite, nous exposons les outils mathématiques qui permettent de montrer qu'un modèle sous la forme d'un système d'équations différentielles ordinaires est mathématiquement et biologiquement bien posé. Enfin, nous avons introduit les notions de solutions, les théorèmes d'existence et d'unicité des solutions, etc. Nous terminons ce chapitre par la présentation des systèmes hybrides avec des exemples classiques de certaines classes de système hybride, notamment celle des systèmes à commutation avant d'aborder la notion de solution hybride et les conditions d'existence et d'unicité d'une exécution hybride.

**Chapitre 2 :** Il est principalement consacré à la construction et l'étude préliminaire d'un modèle à commutation non linéaire de dimension trois pour décrire la dynamique de prolifération du *Typha*. Nous présentons d'abord de manière succincte l'écohydrologie du *Typha* : la biologie, le milieu de développement, les deux modes de reproduction et leur période. Sur la base de ces considérations écohydrologiques, nous formulons un modèle à commutation sous la forme d'un système d'équations différentielles ordinaires. Ce modèle décrit l'évolution au cours du temps de 3 compartiments : les jeunes pousses provenant des graines, les jeunes pousses provenant des rhizomes et les *Typha* adultes. La commutation est gouvernée par la saisonnalité de l'émergence des jeunes pousses provenant des graines. Par la suite, nous montrons que notre modèle admet une unique exécution hybride dans le domaine positivement invariant. Nous montrons aussi pour chaque sous-système, l'existence du point d'équilibre positif dépend de la valeur du taux de reproduction de base associé. Nous terminons par des simulations numériques sur la stabilité des sous-systèmes et du modèle autour de leurs points d'équilibre. En fait, nous illustrons par des simulations numériques lorsque le taux de reproduction de base d'un sous-système est inférieur à 1 alors celui-ci converge vers 0. Dans le cas contraire, le sous-système converge vers l'équilibre positif. D'autres simulations numériques suggèrent la convergence vers 0 du modèle lorsque la moyenne pondérée des taux de reproduction de base sexué et asexué associé à la fraction de leurs durées respectives de réalisation est inférieure à 1. Elles montrent aussi la convergence du modèle vers un cycle limite lorsque la saison d'émergence des jeunes pousses est supérieure à une valeur critique.

**Chapitre 3 :** Les résultats présentés dans ce chapitre sont partiels ou locaux. Ils permettent de faire des conjectures sur leurs caractères globaux. Pour décrire ces conjectures, nous introduisons dans un premier temps un modèle réduit de dimension deux. Nous y présentons les outils mathèmatiques notamment le théorème de de Poincaré-Bendixson, le critère de Dulac et le théorème de Butler McGehee. Nous utilisons ces notions pour démontrer la stabilité globale de l'équilibre positif de chaque sous-système du modèle réduit. Dans un deuxième temps, nous présentons la théorie de Floquet sur les systèmes dynamiques à coefficients périodiques. Grâce à cette théorie, nous montrons numériquement que la stabilité de l'équilibre nul du modèle réduit est gouvernée par le paramètre $\alpha$ qui modélise le fraction de temps que le le premier sous-système est actif.

**Chapitre 4 :** Nous proposons dans ce chapitre une étude théorique du modèle de dimension trois et de ses sous-systèmes. Nous abordons la stabilité globale des deux points stationnaires : l'équilibre trivial et l'équilibre positif, de chaque sous-système faisant appel d'une part à la théorie de stabilité de Lyapunov et au principe d'invariance de Lassale. Et d'autre part, nous appliquons le théorème de Thieme pour les systèmes aux limites, toutes deux rappelées dans la première partie de ce chapitre. Nous montrons théoriquement que la stabilité des points d'équilibre de chaque sous-système est gouvernée par la valeur du taux de reproduction de base associé au sous-système. Nous présentons ensuite la théorie de moyennisation afin de proposer une étude de la stabilité de l'unique équilibre du modèle à commutation par cette approche.

**Chapitre 5 :** Le dernier chapitre est consacré à l'étude de l'existence d'un cycle limite hybride du modèle réduit. Nous extrayons de [10] et de [11] seulement les outils nous permettant de démontrer ce résultat. La méthode développée dans ces travaux est une nouvelle méthode qui s'appuie sur une caractérisation des propriétés géométriques des champs de vecteurs de la manière utilisée dans le théorème d'existence d'un cycle limite autour d'un point de fonctionnement $x_d$. Pour cela, nous présentons dabord les concepts et théorèmes utiles pour notre application. Ensuite, nous montrons qu'un cycle limite hybride pour le modèle 2D existe si et seulement si la moyenne pondérée des taux de reproduction de base est supérieure à 1.

# Chapitre 1

# Un principe de modélisation mathématique

**Contents**

- 1.1. Une approche de modélisation . . . . . . . . . . . . . . . . . . . . . . 6
    - 1.1.1. Aspects d'une modélisation mathématique . . . . . . . . . . . . . 6
    - 1.1.2. Analyse compartimentale . . . . . . . . . . . . . . . . . . . . . 7
    - 1.1.3. Aspects d'un modèle bien posé ? . . . . . . . . . . . . . . . . . . 11
- 1.2. Solutions d'un système d'EDO . . . . . . . . . . . . . . . . . . . . . 12
    - 1.2.1. Définitions . . . . . . . . . . . . . . . . . . . . . . . . . . . 12
    - 1.2.2. Théorèmes d'existence et d'unicité des solutions . . . . . . . . . . 13
    - 1.2.3. Continuité des solutions par rapport aux conditions initiales . . . . . . 16
    - 1.2.4. Extension des solutions . . . . . . . . . . . . . . . . . . . . . 16
    - 1.2.5. Notion de flot . . . . . . . . . . . . . . . . . . . . . . . . . 17
    - 1.2.6. Système dynamique . . . . . . . . . . . . . . . . . . . . . . . 18
    - 1.2.7. Orbites (trajectoires) et ensemble invariants . . . . . . . . . . . . 18
    - 1.2.8. Ensembles limites . . . . . . . . . . . . . . . . . . . . . . . . 19
    - 1.2.9. Notions de cycle . . . . . . . . . . . . . . . . . . . . . . . . 20
    - 1.2.10. Solution de Carathéodory . . . . . . . . . . . . . . . . . . . . 21
- 1.3. Systèmes dynamiques Hybrides . . . . . . . . . . . . . . . . . . . . . 22
    - 1.3.1. Types de système hybride . . . . . . . . . . . . . . . . . . . . 25
    - 1.3.2. Solution d'un système hybride . . . . . . . . . . . . . . . . . . 28
    - 1.3.3. Existence et unicité des exécutions (solutions) . . . . . . . . . . . 31

# Introduction

La modélisation en biomathématique conduit souvent à l'élaboration ou à l'utilisation d'une ou de plusieurs équations mathématiques décrivant le système biologique étudié. Selon l'approche de modélisation et les aspects biologiques auxquels se rapporte l'étude, ces équations peuvent être discrètes, différentielles ordinaires ou aux dérivées partielles, etc. Dans notre travail, nous nous intéressons aux systèmes d'équations différentielles ordinaires. Ces systèmes peuvent être qualifiés d'autonomes ou non autonomes, voire linéaires ou non linéaires ou alors hybrides selon la nature des relations entre leurs variables. Dans ce chapitre, nous présentons l'approche de modélisation, particulièrement celle de l'analyse compartimentale ; et élucider ces différentes notions ainsi que les outils mathématiques associés pour caractériser et vérifier la qualité d'un modèle au sens de Hadamard.

## 1.1 Une approche de modélisation

Pour aborder un problème biologique, il existe plusieurs approches (stochastiques, déterministes, etc) de modélisation mathématique. Dans tous les cas, il est très important de partir d'une question biologique, suivie d'échanges entre biologiste(s) et modélisateur(s) mathématicien et en sus faire recours à une recherche bibliographique. Cette approche pluridisciplinaire permet de mieux surmonter les problèmes liés à la différence de concepts, de terminologie, de méthodes, mais surtout à la traduction des phénomènes biologiques complexes en équations mathématiques relativement simples dans l'étude et revenir à la question posée dans les conclusions mathématiques. Dans cette section, nous présentons les principaux aspects d'une modélisation mathématique, particulièrement ceux de l'analyse compartimentale qui nous permettront plus tard d'aborder la modélisation du *Typha* ainsi que les aspects théoriques d'un modèle biomathématique bien posé.

### 1.1.1 Aspects d'une modélisation mathématique

Pour mieux proposer une description mathématique convenable d'un phénomène du monde réel ou artificiel, nous retenons les définitions de la modélisation et du modèle suivantes [20].

**Définition 1.**
*La modélisation est le processus par lequel un problème du monde réel est interprété et représenté*

en termes de symboles abstraits. Lorsque la description abstraite fait intervenir une formulation mathématique, on parle de modèlisation mathématique [20].

**Définition 2.** *[20]*
*On appelle modèle toute construction simpliée visant à reproduire un processus (physique, biologique, ...), afin d'en dégager des informations peu accessibles (par l'observation ou l'expérimentation) dans la réalité.*

Dès lors, l'étude d'un modèle mathématique peut permettre, entre autres, de mieux comprendre le phénomène considéré (ici biologique), de contribuer à sa gestion optimale ou de faire de la prédiction sur son comportement. Cependant, toute équation mathématique découlant d'un essai de modélisation d'un phénomène n'est pas obligatoirement un modèle mathématique. En effet, un modèle mathématique doit nécessairement vérifier certaines propriétés (voir [20], [21]) :

(a) les relations mathématiques sont consistantes,

(b) les variables du système sont directement interprétables, c'est-à-dire, ces variables sont des quantités, des concentrations, etc...

(c) dans le cas usuel d'un système entrée –sortie, l'entrée du système peut être interprétée comme une information à propos du système réel considéré ; la sortie est quant à elle considérée comme une information du système étudié.

En d'autres termes, un modèle n'est qu'une représentation approximative de la réalité. En l'occurrence, plusieurs objets mathématiques peuvent être utilisés pour approcher un phénomène réel ou artificiel. Particulièrement, un système biologique quelconque peut être représenté par différents modèles provenant d'une approche de modélisation parmi lesquels on choisit, en sus des propriétés précitées, la plus simple à condition qu'il soit compatible avec toutes les données du système.

Dans nos travaux, nous nous intéressons à une approche de modélisation appelée analyse compartimentale dont nous présentons certains de ses aspects.

### 1.1.2 Analyse compartimentale

L'analyse compartimentale est une technique de modélisation déjà expérimentée dans l'étude des systèmes biologiques (échanges cellulaires [19], épidémiologiques [49], dynamique de populations "proie-prédateurs" [82], [83], [55], [75]) . Dans la démarche, plusieurs étapes sont nécessaires pour élaborer un modèle compartimental d'un système biologique. Il s'agit, entre autres, la définition de l'entité biologique à étudier, ses différents compartiments (qui sont en fait des classes d'équivalence) à considérer, la détermination de la nature et la proportion des échanges entre les compartiments et l'évaluation de la variation dans chaque compartiment donné par le principe "apport-perte" à l'aide d'une équation différentielle.

**Caractéristiques d'un compartiment**

La technique de modélisation compartimentale est basée sur la conception suivante d'un compartiment [19].

**Définition 3.**

Un **Compartiment** *peut être défini comme étant un réservoir hypothétique qui n'a pas besoin d'être correspondu à un volume physique ou à un espace physiologique. Il est caractérisé par une quantité de matière cinétique homogène. En particulier, toute quantité entrante est instantanément mélangée avec le reste.*

Pour étayer davantage la démarche de l'analyse compartimentale à travers un exemple, nous considérons un compartiment noté, $X$, contenant une quantité $x_0$ à l'instant initial $t_0 = 0$. Nous supposons qu'il n'admet pas de flux entrant et le temps de séjour dans le compartiment est exponentiellement distribué tel que le taux de sortie par unité de temps est constant et noté $\alpha$ (figure 1.1).

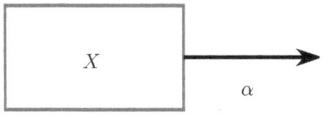

FIGURE 1.1 – Diagramme de transfert d'un compartiment avec une perte

A l'aide du principe de conservation, l'évaluation de la variation de la quantité, notée $x$, dans le compartiment $X$ au cours d'une petite période $dt > 0$ débutant à l'instant $t$ est donnée par :

$$x(t+dt) - x(t) = -\alpha x dt \quad \Longrightarrow \quad \frac{x(t+dt) - x(t)}{dt} = -\alpha x$$

D'où, en faisant tendre $dt$ vers 0, on obtient :

$$\frac{dx}{dt} = -\alpha x$$

Cette équation différentielle, associée à la condition initiale $x(0) = x_0$, permet de décrire la dynamique de la quantité dans le compartiment $X$. Si nous intéressons aux microparasites, on peut se focaliser sur l'état clinique des individus hôtes, à savoir s'ils sont susceptibles ou infectés (ou même éventuellement guéris). Cette approche permet donc de compartimenter la population des individus hôtes selon leur état clinique et consiste à étudier les flux d'individus entre les différents compartiments ( [3], [26], [48]). Un des modèles compartimentaux les plus simples est le modèle dit SIR qui divise la population hôte en susceptibles (S), infectieux (I) et guéris (R, comme " recovered " en anglais). Les individus susceptibles deviennent infectés (et infectieux) au taux $\lambda$ communément appelé "force d'infection" et les individus infectés guérissent au taux $\gamma$. On peut montrer que le temps de séjour moyen dans un compartiment est égal à l'inverse du taux de sortie de ce compartiment ( [38], [52]). Donc ici, la durée moyenne d'infection est égale à $\frac{1}{\gamma}$. Ce résultat est exprimé dans la proposition suivante.

**Proposition 1.** *[38]*
*Si le temps de séjour dans un compartiment $X$ est exponentiellement distribué tel que le taux de sortie par unité de temps, noté $\alpha$, est constant alors la durée moyenne de séjour dans le compartiment $X$ est $\bar{T} = \frac{1}{\alpha}$ unités de temps.*

En effet, l'équation différentielle ordinaire décrivant le taux de variation instantané de la quantité dans le compartiment $X$ est

$$\frac{dx}{dt} = -\alpha x; \quad x(0) = x_0. \tag{1.1}$$

Par conséquent, la quantité dans le compartiment $X$ à l'instant $t$ est donnée par

$$x(t) = x(0)e^{-\alpha t}.$$

Ainsi, la fraction restant dans le compartiment à l'instant $t$, notée $S(t)$, est

$$S(t) = \frac{x(t)}{x_0} = e^{-\alpha t}$$

Cette fraction définit aussi la probabilité que la sortie de la quantité initiale dans le compartiment $X$ survient au delà de l'instant $t > 0$, i.e., $S(t) = P(T > t)$ où $T$ est une variable aléatoire symbolisant le moment de la sortie. L'expression $S(t)$ est appelée fonction de survie dans le compartiment $X$. Cette fonction de survie connaît, en complément, la probabilité que l'événement de sortie du compartiment survient avant l'instant $t$ appelée fonction de longévité, notée $F$ et définie par :

$$F(t) = P(T \leq t) = 1 - S(t),$$

donc

$$F(t) = 1 - e^{-\alpha t} \quad \forall\, t \geq 0$$

En d'autres termes, $F(t)$ désigne en fait la fonction de répartition de $T$ ; elle est définie comme nulle pour $t < 0$. Alors, la densité de probabilité de la variable aléatoire $T$ est $f(t) = \dfrac{dF}{dt}$. Par conséquence, on a

$$f(t) = \alpha e^{-\alpha t} \quad \forall\, t \geq 0 \quad \text{et} \quad f(t) = 0 \quad \forall\, t < 0.$$

Donc, l'espérance mathématique de $T$ est donnée par

$$\mathbb{E}(T) = \int_{-\infty}^{+\infty} t f(t) dt.$$

Par le calcul de cette intégrale

$$\int_{-\infty}^{+\infty} t f(t) dt = \int_{0}^{+\infty} t \alpha e^{-\alpha t} dt = \frac{1}{\alpha},$$

on obtient que la durée moyenne de séjour dans le compartiment $X$, notée $\bar{T}$, est considérée comme $\bar{T} = \dfrac{1}{\alpha}$ unités de temps.

**Remarque 1.**

Si un compartiment $Y$ n'admet qu'un flux d'entrée égal à $\beta x$ alors le modèle décrivant la quantité $y$ dans ce compartiment est :

$$\frac{dy}{dt} = \beta x \quad y(0) = y_0$$

**Remarque 2.**
Habituellement, la variable $x$ (ou $y$) est appelée variable d'état alors que la donnée $\alpha$ (ou $\beta$) représente un paramètre du système.

### 1.1.3 Aspects d'un modèle bien posé ?

D'une manière générale, l'application de l'approche compartimentale sur un phénomène biologique schématisé par au moins $n$ compartiment(s) (où $n$ est un entier positif) peut aboutir à l'élaboration d'un système d'équations différentielles ordinaires (en abrégé E.D.O.) sous la forme générale

$$\frac{dx}{dt} = f(t, x) \qquad (1.2)$$

où $x$ est un vecteur de nombres réels à $n$ composantes représentant l'état du système et $f$ est une fonction du temps $t$ et de l'état $x$ mettant à la fois en relation les $n$ composantes de $x$ et les paramètres du système (par exemple $f(t,x) = -\alpha x$ dans l'équation (1.1)).

Maintenant, considérons un système d'EDO (1.2) associé à un vecteur d'état initial $x(0) = x_0$ à $n$ composantes décrivant un processus biologique. Ce modèle est dit mathématiquement et biologiquement bien posé lorsque son espace d'état est nécessairement inclus dans $\mathbb{R}_+^n$, sa variable temporelle $t$ appartient à $\mathbb{R}_+$ par une simple translation et il vérifie à la fois les conditions suivantes :

(i) étant donné un vecteur d'état initial, le modèle admet une solution dans l'espace d'état,
(ii) la solution est unique,
(iii) la solution dépend des données de façon continue dans le cadre d'une topologie raisonnable.

Ces conditions $(i)$ à $(iii)$ sont importantes dans le sens où l'utilisation d'un modèle pour faire de la prédiction sur un phénomène doit être garantie par la preuve que le modèle admet au moins une solution et que celle-ci soit unique pour une condition initiale donnée. La dépendance de la solution aux paramètres et aux données assure que de petites erreurs sur les mesures n'entraînent pas de grandes erreurs sur les prévisions proposées via le modèle.

Ainsi, certains outils mathématiques liés à la nature des relations entre les variables et les paramètres du système d'équations différentielles ordinaires (1.2) pouvant nous permettre d'aborder la question du modèle bien posé, sont présentées par la suite.

## 1.2 Solutions d'un système d'EDO

En vue de donner les théorèmes d'existence et d'unicité des solutions ou bien les outils pour aborder la question du modèle bien posé une fois les équations modélisant le phénomène sont établies, nous considérons dans toute cette section un intervalle $J$ d'intérieur non vide de $\mathbb{R}$ et un ouvert $U$ de $\mathbb{R}^n$ ( avec $n \in \mathbb{N}^*$). De plus, si $x$ est une fonction d'une variable réelle à valeurs dans $\mathbb{R}^n$ dérivable, nous noterons par $\dot{x}$ sa dérivée sur un intervalle $I \subset J$.

### 1.2.1 Définitions

Soit $f : J \times U \longrightarrow \mathbb{R}^n$ une fonction continue. On appelle équation différentielle ordinaire ($n = 1$) ou système d'équations différentielles ordinaires ($n > 1$), une expression de la forme :

$$\dot{x} = f(t, x). \tag{1.3}$$

Une telle équation est dite du premier ordre, si parmi les dérivées de $x$ seule la dérivée première y est présente. Par ailleurs, lorsque la fonction $f$ ne dépend pas explicitement de la variable $t$, on dit que l'équation différentielle est autonome. Dans le cas contraire, cette équation différentielle ordinaire est dite non autonome.

Un système d'EDO (1.3) du premier ordre est dit linéaire si $f$ est sous la forme $f(t;x) = A(t)x$ où $A(t)$ est une matrice carré d'ordre $n$ indépendante de $x$. Lorsque l'on ajoute à un sytème d'EDO linéaire un vecteur $B(t)$ à $n$ composantes indépendant de $x$, l'EDO dite linéaire avec un second membre. Dans le cas où $f$ n'est pas linéaire, l'EDO est dite non linéaire. Ainsi, la taxonomie de l'EDO dépend de la nature de la fonction $f$, habituellement appelée "champ de vecteurs" puisqu' à tout $t$ correspond un vecteur de $\mathbb{R}^n$.

**Définition 4 (Solution locale).**
*Une solution du système d'équation différentielle (1.3) est la donnée d'un couple $(I;x)$ où $I$ est un intervalle d'intérieur non vide de $\mathbb{R}$ contenu dans $J$ et $x$ est une fonction de $I$ à valeurs dans $\mathbb{R}^n$*

*dérivable sur $I$ et vérifiant les conditions suivantes :*

**(i)** $(t; x(t)) \in J \times U$, *pour tout* $t \in I$

**(ii)** $\dot{x} = f(t, x)$, *pour tout* $t \in I$

**Remarque 3.**

*On s'intéresse souvent aux solutions stationnaires, i.e., lorsque $x$ vérifie l'équation $f(t,x) = 0$ pour tout $t \in I$, particulièrement aux points d'équilibre, c'est à dire, tout point $x_e$ de $\mathbb{R}^n$ fixé, vérifiant l'équation $f(t, x_e) = 0$ pour tout $t \in I$.*

On peut ordonner les solutions du système (1.3) de la manière suivante.

**Définition 5 (Prolongement).**

*Soient $(I_1; x_1)$ et $(I_2; x_2)$ deux solutions locales du système (1.3). On dit que $(I_2; x_2)$ prolonge $(I_1; x_1)$ si $I_1 \subset I_2$ et pour tout $t \in I_1, x_1(t) = x_2(t)$.*

**Définition 6 (Solution maximale).**

*Une solution maximale du système (1.3) est une solution locale que l'on ne peut pas prolonger en une autre solution.*

**Définition 7 (Solution globale).**

*Une solution globale du système (1.3) est une solution définie sur $J$ tout entier, i.e., $(J; x)$ est une solution de $\dot{x} = f(t, x(t))$ où $f : J \times U \longrightarrow \mathbb{R}^n$.*

Une solution globale est une solution maximale particulière, elle est donc unique. La notion d'unicité de solution est définie de manière générale comme suit.

### 1.2.2 Théorèmes d'existence et d'unicité des solutions

Dans la modélisation des problèmes concrets faisant intervenir des équations différentielles, on suppose que l'état $x_0$ du système est connu à l'instant initial $t_0$. Dès lors, on voudrait que la solution de l'équation différentielle vérifie cette condition initiale. Ce type de problème est appelé problème de Cauchy et est défini sur un système de la forme suivante :

$$\begin{cases} \dot{x} = f(t,x) \\ \qquad\qquad\qquad x \in \mathbb{R}^n \\ x(t_0) = x_0 \end{cases} \tag{1.4}$$

Ainsi, la question d'un modèle bien posé peut renvoyer à l'étude d'un problème de Cauchy dont les théorèmes d'existence et d'unicité de solutions sont donnés dans cette sous-section.

**Définition 8 (Unicité globale).**

*On dit que le problème de Cauchy (1.4), admet une unique solution s'il existe une solution maximale $(I;x)$ de ce problème qui soit le prolongement de toute autre solution.*

Il est bien connu que les conditions d'existence de solutions du problème de Cauchy (1.4) sont données par le théorème de Cauchy-Péano-Arzéla suivant, prouvé par Peano en 1886.

**Théorème 1 (Cauchy-Peano-Arzela).**

*Soit $(t_0, x_0) \in J \times U$ et supposons $f : J \times U \longrightarrow \mathbb{R}^n$ continue en $(t_0, x_0)$, alors il existe une solution du problème de Cauchy (1.4).*

*Preuve :* Voir [25] chap.V,2.4

**Corollaire 1.**

*On suppose $f : J \times U \longrightarrow \mathbb{R}^n$ continue, alors pour tout point $(t_0, x_0) \in J \times U$, il passe au moins une solution maximale $(I, x)$ du système (1.4). De plus, l'intervalle de définition $I$ de toute solution maximale est un ouvert de $J$*

*Preuve :* Voir [25] chap.V,2.4

Dans le corollaire 1 ou le théorème 1, on suppose que $f$ est continue sur $J \times U$. Cette hypothèse ne garantit que l'existence d'une solution au problème de Cauchy et ne donne aucune information sur l'unicité de la solution. En guise d'exemple, les deux fonctions $y_1 \sim 0$ et $y_2 : x \longrightarrow x^3$ sont solutions sur $\mathbb{R}$ de l'équation différentielle

$$\dot{y} = 3|y|^{2/3}$$

avec la condition initiale $y(0) = 0$.

Il est donc nécessaire d'avoir une condition suplémentaire sur le champ de vecteurs $f$ pour obtenir l'unicité de la solution. Cette condition locale ou globale par rapport à la seconde variable de $f$ est définie de la manière suivante.

**Définition 9 (Localement lipschitz autour d'un point).**

*Soit $(t_0, x_0) \in J \times U$. On dit que $f : J \times U \longrightarrow \mathbb{R}^n$ est une fonction localement lipschitzienne* par rapport à sa seconde variable en $(t_0, x_0)$ s'il existe $T > 0, r_0 > 0$ et $k > 0$ tels que pour tout $(t, x_1, x_2) \in ]t_0 - T, t_0 + T[ \times \mathcal{B}(x_0, r_0) \times \mathcal{B}(x_0, r_0)$

$$\| f(t, x_1) - f(t, x_2) \| \leq k \|x_1 - x_2\|. \tag{1.5}$$

**Définition 10.**

On dit que $f : J \times U \longrightarrow \mathbb{R}^n$, est localement lipschitzienne par rapport à sa seconde variable sur $J \times U$, si pour tout $(t_0, x_0) \in J \times U$, $f$ est localement lipschitzienne par rapport à sa seconde variable en $(t_0, x_0)$

**Définition 11 (Globalement Lipschitz).**

Une fonction $f : J \times U \longrightarrow \mathbb{R}^n$ est dite lipschitzienne (ou globalement lipschitzienne) par rapport à sa seconde variable s'il existe une fonction continue $k : J \longrightarrow \mathbb{R}_+$ telle que

$$\forall t \in J, \ \forall (x_1, x_2) \in U \times U, \ \| f(t, x_1) - f(t, x_2) \| \leq k(t) \|x_1 - x_2\|$$

Si de plus, la fonction $k$ est constante sur $J$ alors $f$ est dite globalement lipschitzienne par rapport à sa seconde variable sur $J \times U$, uniformément par rapport à sa première variable.

Dans la pratique, au lieu de vérifier l'inégalité dans la définition 11 pour montrer que le champ de vecteurs $f$ est localement lipschitzien par rapport à la seconde variable, on vérifie que $f$ est de classe $\mathcal{C}^1$ par rapport à cette variable afin d'appliquer le théorème suivant.

**Théorème 2.**

Si $f$ est de classe $\mathcal{C}^1$ sur $U$ alors $f$ est localement lipschitzienne par rapport à sa seconde variable sur $J \times U$

Preuve : Voir [25] chap.V,3.1

Ainsi, pour prouver l'existence et l'unicité de la solution du problème Cauchy (1.4), on vérifie la continuité de $f$ sur $J \times U$ et l'une des conditions de Lipschitz par rapport à sa seconde variable afin d'appliquer l'un des théorèmes suivants.

**Théorème 3 (Cauchy-Lipschitz, forme locale).**

Soit $f : J \times U \longrightarrow \mathbb{R}^n$ une fonction continue sur $J$ et localement lipschitzienne par rapport à sa seconde variable au voisinage de $(t_0, x_0)$ alors le problème de Cauchy (1.4) admet localement une unique solution.

*Preuve :* Voir [25] chap.V,3.1

**Théorème 4 (Cauchy Lipschitz globale).**

*Si le champ de vecteurs $f : J \times U \longrightarrow \mathbb{R}^n$ est continu sur $J$ et globalement lipschitzien par rapport à sa seconde variable, alors le problème de Cauchy (1.4) admet une solution globale unique.*

*Preuve :* voir [25] chap.V,3.1

**Corollaire 2.**

*Les graphes de deux solutions distinctes ne peuvent se croiser. L'ensemble des solutions forme une partition de $U$.*

### 1.2.3 Continuité des solutions par rapport aux conditions initiales

Considérons un problème de Cauchy tel que le champ de vecteurs $f$ remplit les hypothèses du Théorème de Cauchy -Lipschitz. Ce problème admet une unique solution $x(t; t_0, x_0)$ dont la dépendance continue des solutions par rapport aux données initiales est donnée par la proposition suivante.

**Proposition 2.**

*Si $f$ vérifie les hypothèses du théorème de Cauchy Lipschitz, alors la solution $x(t; t_0, x_0)$ dépend continûment de la condition initiale $x_0$. En fait, si $L$ est une constante de Lipschitz de $f$ alors*

$$\|x(t; t_0; x_1) - x(t; t_0; x_0)\| \leq e^{L|t-t_0|}\|x_1 - x_0\|$$

Autrement dit, si $f$ vérifie les hypothèses du théorème de Cauchy Lipschitz, l'application définie sur $J \times U$ dans $\mathbb{R}^n$ qui à toute donnée initiale $(t_0, x_0)$, on associe la solution $x(t; t_0, x_0)$ est localement lipschitzienne. Ici, les temps $t$ et $t_0$ sont proches.

### 1.2.4 Extension des solutions

Dans la section précédente, nous avons énoncé le théorème de Cauchy-Lipschitz dont l'utilisation nous permet de prouver l'existence et l'unicité mais il ne donne pas les conditions pour lesquelles la solution maximale est définie pour des temps lointains. Les propositions et théorèmes suivants nous permettent d'éclaircir la situation dans certaines conditions.

**Proposition 3.**

*Si une solution du problème de Cauchy (1.4) reste dans un compact pour $t \geq t_0$ alors elle est définie* sur l'intervalle $[t_0; +\infty[$.

*Dans ce cas, le champ de vecteurs est dit complet.*

**Proposition 4.**

*Si la fonction $f$ est globalement Lipschitz, i.e. l'inégalité 1.5 est vérifiée sur $\mathbb{R} \times \mathbb{R}^n$ alors la solution du probléme de Cauchy est définie pour tout $t \in \mathbb{R}$. Autrement dit, le champ est complet.*

Il peut arriver une situation particulière que l'on appelle une explosion en temps fini.

**Théorème 5 (Théorème de l'explosion).**

*On considére l'EDO autonome $\dot{x} = f(x)$. On suppose $f$ localement Lipschitz sur l'ouvert et soit $I = ]\alpha_{(t_0;x_0)}; \omega_{(t_0;x_0)}[$ l'intervalle maximal associé à la condition initiale $x(t_0) = x_0$. Si $\omega_{(t_0;x_0)}$ est fini, alors pour tout compact $K$, il existe un temps $t \in ]0; \omega_{(t_0;x_0)}[$ tel que $x(t) \notin K$.
Soit*

$$\lim_{t \to \omega_{(t_0;x_0)}} x(t) \text{ n'est pas fini, soit } \lim_{t \to \omega_{(t_0;x_0)}} x(t) \in \partial U$$

En fait, ce théorème décrit que si une EDO admet une solution maximale dans un intervalle maximal qui n'est pas $\mathbb{R}_+$, alors cela implique que lorsque $t$ tend vers le temps maximal la solution tend vers l'infini ou vers la frontière du domaine (ou les deux quand le domaine est non borné).

Dans la suite de cette section, nous supposons que le problème de Cauchy (1.4) admet une unique solution globale dans $\mathbb{R}^n$ donnée par le théorème de Cauchy-Lipschitz, notée $x(t; x_0)$ pour tous $t_0 = 0$ et $x(0) = x_0$.

### 1.2.5 Notion de flot

**Définition 12.**

*Le flot du système différentiel (1.3) est la famille à un paramètre d'applications $\{\phi_t\}_{t \in \mathbb{R}}$ de $\mathbb{R}^n$ dans lui-même définie par*

$$\phi_t(b) = x(t, b), \text{ pour tout } b \in \mathbb{R}^n$$

*où $x(t, b)$ est l'unique solution du problème de Cauchy (1.4).*

Le théorème suivant affirme que les solutions d'un système différentiel dépendent de manière différentiable des conditions initiales et que le flot est un groupe à un paramètre de difféomorphismes.

**Théorème 6.**

*L'application $\phi_t$ est différentiable sur $\mathbb{R}^n$. Le flot $\{\phi_t\}_{t\in\mathbb{R}}$ vérifie les propriétés suivantes :*

*i) $\phi_0 = Id_{\mathbb{R}^n}$*

*ii) pour tout $t, s \in \mathbb{R}$, $\phi_t \circ \phi_s = \phi_{t+s}$*

Du théorème 6, on déduit que pour tout $t \in \mathbb{R}$, $\phi_t$ est un difféomorphisme de $\mathbb{R}^n$ tel que $(\phi_t)^{-1} = \phi_{-t}$

Bien que l'on ait, par définition, $\phi_t(b) = x(t,b)$, pour tout $t \in \mathbb{R}$ et tout $b \in \mathbb{R}^n$, il ne faut pas confondre le flot $\phi_t(b)$ et la solution $x(t, b)$. Conceptuellement,

- pour chaque $b \in \mathbb{R}^n$, la solution $x(., b) : \mathbb{R} \longrightarrow \mathbb{R}^n$ donne l'état du système pour tout $t \in \mathbb{R}$ tel que $x(0, b) = b$;
- pour chaque $t \in \mathbb{R}$, le flot $\phi_t : \mathbb{R}^n \longrightarrow \mathbb{R}^n$ donne l'état du système $\phi_t(b)$ à l'instant $t$, pour tout $b \in \mathbb{R}^n$.

### 1.2.6 Système dynamique

On peut définir un système dynamique de la manière suivante.

**Définition 13.**

*Un système dynamique sur $\mathbb{R}^n$ est la donnée d'une famille à un paramètre d'homéomorphismes $\phi_t : \mathbb{R}^n \longrightarrow \mathbb{R}^n$ vérifiant les conditions $\phi_0 = Id$ et $\phi_t \circ \phi_s = \phi_{t+s}$ pour tous $t, s \in \mathbb{R}$.*

Du Théorème 6, on déduit que le flot $\phi_t$ associé au système (1.3) sur $\mathbb{R}^n$ est un système dynamique sur $\mathbb{R}^n$. Ainsi, le système (1.3) définit un système dynamique $\phi_t$ et vice versa.

### 1.2.7 Orbites (trajectoires) et ensemble invariants

**Définition 14.**

*Étant donné un système (1.3) et le flot associé $\phi_t$ sur $\mathbb{R}^n$, l'orbite d'un point $x_0 \in \mathbb{R}^n$ (ou encore trajectoire) est l'ensemble*

$$\gamma(x_0) = \{x \in \mathbb{R}^n : \exists t \in \mathbb{R} \ x = \phi_t(x_0)\}$$

Les points d'équilibre (ou états stationnaires, ou points fixes, ou points singuliers) d'un système jouent un rôle important dans la description des propriétés du système.

**Définition 15.**

*Un point $x_e$ est un dit point d'équilibre du système (1.3), s'il satisfait $f(t, x_e) = 0$ pour tout $t \in \mathbb{R}$. ou bien de manière équivalente si $\phi_t(x_e) = x_e$ pour tout $t \in \mathbb{R}$. Sinon le point $x_e$ est dit ordinaire.*

De la définition 14, on déduit que l'orbite d'un point d'équilibre est réduite au point lui-même :
$$\gamma(x_e) = \{x_e\}$$

Par contre, l'orbite d'un point ordinaire est une courbe lisse qui admet en chaque point $x$ le vecteur $f(x)$ comme vecteur tangent.

**Définition 16.**

*Un ensemble $S \subset \mathbb{R}^n$ est dit invariant par le flot $\phi_t$ sur $\mathbb{R}^n$ (ou bien par le système $\dot{x} = f(x)$ correspondant) si pour tout $x \in S$ et tout $t \in \mathbb{R}$ on a $\phi_t(x) \in S$. Si $S$ vérifie la propriété $\phi_t(x) \in S$ pour tout $x \in S$ et tout $t > 0$ alors on dit que $S$ est positivement invariant.*

Si $S$ est invariant et $x \in S$ alors l'orbite $\gamma(x)$ est incluse dans $S$. Par conséquent, un ensemble invariant est une réunion d'orbites.

### 1.2.8 Ensembles limites

**Définition 17.**

*Soient $\varphi_t$ un flot dans X et $a \in$ X. Un point $x$ est dans l'ensemble $\omega$–limite $\omega(a)$ s'il existe une suite $t_k \to +\infty$ telle que $\varphi_{t_k}(a) \to x$ lorsque $k \to +\infty$. Un point $x$ est dans l'ensemble $\alpha$–limite $\alpha(a)$ s'il existe une suite $t_k \to -\infty$ telle que $\varphi_{t_k}(a) \to x$ lorsque $k \to +\infty$.*

Les propriétés suivantes sont fondamentales. Elles sont indépendantes de la dimension de l'espace dans lequel on se trouve.

**Propriètè 1.**

*Soit $\phi_t(.)$ le flot généré par un champ de vecteur et soit M un ensemble compact positivement invariant de ce flot. Alors, pour $a \in$ M, on a :*

1. $\omega(a) \neq \emptyset$
2. $\omega(a)$ est fermé ;
3. $\omega(a)$ est invariant pour le flot ; i.e. $\omega(a)$ est une réunion d'orbites ;
4. $\omega(a)$ est connexe par arcs.

## 1.2.9 Notions de cycle

**Définition 18 (Cycle périodique).**

*Une trajectoire $x$ du système (1.4) est dite un cycle périodique si elle n'est pas réduite à un point et s'il existe une constante $T_p > 0$ telle que*

$$x(t + T_p) = x(t), \quad -\infty < t < +\infty$$

*La plus petite constante $T_p$ vérifiant cette équation est la période du cycle. Nous dirons donc que $x$ a une période $T_p$.*

De cette définition, il est évident que si $T_p$ est une période, alors pour tout entier positif $k$ le nombre $kT_p$, $(k > 1)$ est également une période.

**Définition 19 (Sous-ensemble dense).**

*Un sous-ensemble $S$ de $\mathbb{R}$ est dit relativement dense s'il existe un nombre positif $L$ tel que pour tout*

$$a \in \mathbb{R}, \ [a, a + L] \cap S \neq \emptyset.$$

**Définition 20 (Cycle presque-périodique).**

1. *Considérons une trajectoire unidimensionelle $x$ continue et un nombre positif $\epsilon$ ; $\tau(\epsilon)$ est un nombre de translation de $x$ si :*

$$\forall t \in \mathbb{R}, \ \|x(t + \tau(\epsilon)) - x(t)\| \leq \epsilon.$$

2. *La trajectoire $x(t)$ est appelée presque-périodique si pour tout $\tau > 0$, un ensemble relativement dense de nombres de translation $\tau(\epsilon)$ existe.*

On peut classifier les ensembles $\omega$-limite associés à une trajectoire $x$ en trois sous catégories :
(a) $x$ converge vers un point particulier $x_{eq}$. Ce point est un point d'équilibre.
(b) $x$ converge vers un cycle périodique ou presque périodique $\gamma$. Dans ce cas, si $\gamma \neq x$ (la notation $\gamma \neq x$ implique que le lieu géométrique associé à ces deux trajectoires n'est pas identiquement confondu), alors le cycle $\gamma$ est un cycle limite.

**Définition 21 (Cycle limite).**

*Un cycle périodique ou presque périodique $\gamma$ du système (1.4) est appelé cycle limite s'il existe* au moins une autre trajectoire $x$ telle que $x \neq \gamma$ et $\omega(x) = \gamma$.

(c) $x$ converge vers un ensemble connexe, borné qui n'est ni réduit à un point, ni à un cycle. On entre dans le cadre de la théorie du chaos.

Ici nous supposons ne pas être dans une situation du chaos.

### 1.2.10 Solution de Carathéodory

Soit $x_0 \in \mathbb{R}^n$. Considérons le problème de Cauchy suivant

$$\dot{x} = f(t, x(t)), \tag{1.6}$$

$$x(t_0) = x_0,$$

où le champ de vecteur $f$ est discontinu.

**Définition 22.**

*Une solution de Carathéodory du problème de Cauchy (1.6) est une fonction $t \longrightarrow x(t)$ absolument continue qui prend la valeur $x_0$ à $t = t_0$ et satisfait l'équation différentielle (1.6) presque pour tout $t$.*

L'existence des solutions de (1.6) est donnée par le théorème de Carathéodory.

**Théorème 7 (Carathéodory).**

*Soit $f : I \times U \longrightarrow \mathbb{R}^n$ telle que :*

**(i)** *pour tout $x \in U, \varphi_x : t \in I \longmapsto f(t; x)$ est mesurable*

**(ii)** *pour presque tout $t, \psi_t : x \in U \longmapsto f(t; x)$ est continue*

**(iii)** *pour tout compact $K$ de $U$, il existe*

$$m_K : I \longmapsto \mathbb{R}^+$$

*intégrable sur $I$ telle que :*

$$\forall\, (t; x) \in I \times K \; ; \; |f(t; x)| \leq m_K(t).$$

*On considère le système :*

$$\dot{x} = f(t; x) \; ; t \in I$$

dit système de Carathéodory. Alors, pour tout $(t_0; x_0) \in \overset{\circ}{I} \times U$ passe au moins une solution $x(t; t_0; x_0)$ définie pour presque tout $t$.

Lorsque l'on utilise ce théorème pour montrer l'existence de la solution, il est nécessaire par la suite de préciser dans quel sens elle est unique. Dans ce cas, l'unicité de la solution ne peut être souvent définie que dans un autre sens que la nature du système dynamique permet de préciser. Cette question est abordée dans la section suivante pour un type de système dynamique qui nous intéresse dans la modélisation du *Typha* bien après l'avoir défini.

## 1.3 Systèmes dynamiques Hybrides

Les phénomènes biologiques impliquant des processus continus et discrets peuvent être interprétés comme un système hybride et modélisé comme tel. Les systèmes hybrides sont nombreux et variés ou tout au moins concernent plusieurs domaines d'applications. On peut citer la biologie [9], l'informatique [57], l'industrie automobile [12], la robotique [8], l'aéronautique [77]... Les exemples les plus connus sont du domaine de l'automatique : la boîte à vitesse, la balle rebondissante, le thermostat [33], .... En biologie, nous pouvons citer l'exemple d'une horde de loups qui cohabite avec une horde de lapins dans une savane. Les loups attaquent occasionnellement la première horde pour survivre mais préfèrent attaquer une seconde horde de lapins qui se refugie dans une zone ayant une capacité d'accueil limitée. Les lapins de la seconde horde de lapins quittent leur refuge durant une période de l'année pour aller trouver de meilleures conditions de développement ou bien lorsque leur nombre dépasse la capacité d'accueil.

Par conséquent, une définition unifiée des systèmes hybrides pouvant servir d'environnement théorique à la description de ces phénomènes est difficile. La définition suivante motivée par [71] et [36] nous semble relativement générale lorsqu'ils sont décrits par un système EDO.

**Définition 23 (Système hybride).** *[33]*
*Un système hybride est un système dynamique qui décrit l'évolution au cours du temps les valeurs d'un ensemble discret et d'un ensemble d'états continus défini par le septuplet*

$$\mathcal{H} = (\mathcal{Q}, \mathcal{E}, \mathcal{D}, \mathcal{U}, \mathcal{F}, \mathcal{G}, \mathcal{R})$$

*où :*

1. $\mathcal{Q}$ est l'ensemble dénombrable des états discrets (ou modes).

2. $\mathcal{E} \subset \mathcal{Q} \times \mathcal{Q}$ est l'ensemble des arêtes (ou transitions).

3. $\mathcal{D} = \{D_q, q \in \mathcal{Q}\}$ est la collection des domaines.

   $\forall q \in \mathcal{Q}, D_q$ est un sous-ensemble de $\mathbb{R}^n$ d'intérieur non-vide.

4. $\mathcal{U} = \{U_q, q \in \mathcal{Q}\}$ est la collection des domaines de contrôle.

   $\forall q \in \mathcal{Q}, U_q$ est un sous-ensemble de $\mathbb{R}^p$.

5. $\mathcal{F} = \{f_q, q \in \mathcal{Q}\}$ est la collection des champs de vecteurs.

   $\forall q \in \mathcal{Q}, f_q : D_q \times U_q \longrightarrow \mathbb{R}^n$.

6. $\mathcal{G} = \{G_e, e \in \mathcal{E}\}$ est la collection des gardes.

   $\forall e = (q, q') \in \mathcal{E}, G_e \subset D_q$.

7. $\mathcal{R} = \{R_e, e \in \mathcal{E}\}$ est la collection des fonctions resets.

   $\forall e = (q, q') \in \mathcal{E}, R_e : G_e \longrightarrow 2^{D_{q'}}$ où $2^{D_{q'}}$ désigne l'ensemble des parties de $D_{q'}$.
   On suppose que pour tout $x \in G_e, R_e(x) \neq \emptyset$

A partir de cette définition 23, on peut décrire l'état du système hybride par deux variables : la première discrète, notée $q(t)$ à valeurs dans $\mathcal{Q}$, la deuxième continue, notée $x(t)$ à valeurs dans $\mathbb{R}^n$. Ces variables permettent de décrire de façon simple le fonctionnement du système. Par exemple (voir la figure 1.2), à l'instant initial $(t = t_0), q(t_0) = q_0$ et la valeur initiale de la variable continue $x(t_0)$ est un élément du domaine $D_{q_0}$. Cette dernière évolue alors en suivant l'équation différentielle $\dot{x} = f_{q_0}(x(t), u(t))$, où la fonction $u$ prend ses valeurs dans le domaine de contrôle $U_{q_0}$. Mais, lorsque la trajectoire $x(t)$ atteint une garde $G_e$ à l'instant $t_1$ (avec ici $e = (q_0, q_1)$), la variable discrète $q(t)$ peut alors prendre la valeur $q_1$. La variable continue est alors réinitialisée à une valeur de l'ensemble $R_e(x(t_1^-)) \subset D_{q_1}$. Ce processus est ainsi répété avec une nouvelle équation différentielle et de nouvelles gardes.

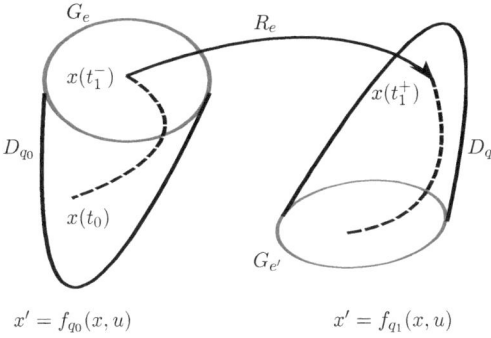

FIGURE 1.2 – Exemple d'exécution d'un système hybride

La dynamique discrète du système hybride est donc décrite par le couple $(\mathcal{Q}, \mathcal{E})$ alors que le triplet $(\mathcal{D}, \mathcal{U}, \mathcal{F})$ détermine la dyamique continue par une collection de systèmes dynamiques indexés par les éléments de $\mathcal{Q}$. En ce sens, la valeur de la variable discrète $q(t)$, appelée signal de commutation, détermine l'équation différentielle gouvernant l'évolution de la variable continue $x(t)$. De ce point de vue, aux instants $t$ tels que $q(t) = q$, le phénomène est décrit par le sous-système

$$\begin{cases} \dot{x} = f_q(x(t), u(t)), \\ (x(t), u(t)) \in D_q \times U_q, \end{cases}$$

appelé sous-système actif aux dates $t$ telles que $q(t) = q$. Le passage d'un sous-système actif $q$ à un autre $q'$ est assuré par l'ensemble des gardes $\mathcal{G}$ selon que la transition de l'automate $e = (q, q') \in \mathcal{E}$ se réalise à un instant $t$, lorsque $x(t)$ appartienne à l'ensemble $G_e$. Ainsi, la composante discrète du système contrôle la composante continue qui, rétroactivement, détermine, à chaque instant, l'ensemble (qui peut être vide) des transitions possibles.

**Remarque 4.**

*Il arrive que les équations différentielles associées aux éléments de $\mathcal{F}$ soient autonomes (i.e. $f_q : D_q \longrightarrow \mathbb{R}^n$). Dans ce cas, la donnée des domaines de contrôle est superflue et le système hybride est alors défini par le sextuple $(\mathcal{Q}, \mathcal{E}, \mathcal{D}, \mathcal{F}, \mathcal{G}, \mathcal{R})$.*

### 1.3.1 Types de système hybride

Il existe différents types de système hybride, notamment les systèmes dynamiques impulsionnels (voir [44]), les systèmes dynamiques par morceaux, les systèmes à commutations, etc. Les deux derniers types de système hybride nous semblent représenter un intérêt en biologie. Ils sont décrits par des équations différentielles à second membre discontinu [30] ou défini par morceaux.

**Systèmes dynamiques par morceaux**

Soit $D$ un sous-ensemble fermé et connexe de $\mathbb{R}^n$ tel que :

$$\cup_{q \in \mathcal{Q}} D_q = D,$$

où $\mathcal{Q}$ est un ensemble dénombrable et les $D_q (q \in \mathcal{Q})$ sont des sous-ensembles de $D$ fermés, d'intérieur non-vide et deux à deux disjoints. Soit $f_q$ un champ de vecteurs défini sur $D_q$. Dans le cadre de la définition 23, un système dynamique par morceaux est un système hybride défini de manière particulière par

1. $\mathcal{Q}$ est l'ensemble indexant les sous-ensembles $D_q$

2. $\mathcal{E} = \{(q, q') \in \mathcal{Q} \times \mathcal{Q}, \partial D_q \cap \partial D_{q'} \neq \emptyset\}$.
   On ne peut passer du domaine $D_q$ au domaine $D_{q'}$ que s'ils ont une frontière commune.

3. $\mathcal{G} = \{G_e, e \in \mathcal{E}\}, \forall e = (q, q') \in \mathcal{E}, G_e \in \partial D_q \cap \partial D_{q'}$.
   On ne peut passer du domaine $D_q$ au domaine $D_{q'}$ qu'en franchissant leur frontière commune.

4. $\mathcal{R} = \{R_e, e \in \mathcal{E}\}.\forall x \in G_e, R_e(x) = \{x\}$.
   Il n'y a pas de réinitialisation de la variable continue.

La trajectoire $x(t)$ d'un tel système dynamique par morceaux se construit de la manière suivante (voir figure 1.3). Si $x(t_0)$ appartient à l'intérieur du domaine $D_{q_0}$, alors $x(t)$ est une solution de l'équation différentielle associée au champ de vecteurs $f_{q_0}$ jusqu'à l'instant $t_1$ où $x(t)$ atteint la frontière séparant le domaine $D_{q_0}$ du domaine $D_{q_1}$. La trajectoire de $x(t)$ devient alors une solution de l'équation différentielle associée au champ de vecteurs $f_{q_1}$.

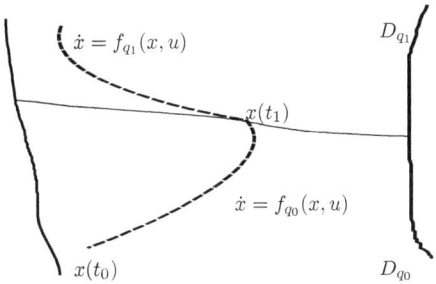

FIGURE 1.3 – Trajectoire du système dynamique par morceaux

**Exemple 1 (Système dynamique par morceau).**

*On suppose dans l'exemple du système hybride en biologie que les trois espèces : la première famille de lapins ($x_1$), la seconde famille de lapins ($x_2$) et une famille des loups ($y$), cohabitent ensemble. Les loups ne modifient leur comportement que lorsque leur espèce se sente menacée. En d'autres termes, quand leur nombre $y$ atteint un certain seuil $y_{min}$ et la dynamique du système est défini par les modes suivants :*

• *Premier mode : les loups ne manquent pas de nourriture.*

$$\begin{cases} \dot{x}_1 = \alpha_1 x_1 - \gamma_1 x_1 y, \\ \dot{x}_2 = \alpha_2 x_2 (1 - \dfrac{x_2}{K_2}) - \gamma_2 x_2 y, \\ \dot{y} = \gamma_1 x_1 y + \gamma_2 x_2 y - \beta y, \end{cases} \quad (1.7)$$

• *Deuxième mode : les loups manquent de nourriture et décident pour survivre de s'attaquer plus sérieusement aux deux espèces de lapins.*

$$\begin{cases} \dot{x}_1 = \alpha_1 x_1 - \gamma'_1 x_1 y, \\ \dot{x}_2 = \alpha_2 x_2 (1 - \dfrac{x_2}{K_2}) - \gamma'_2 x_2 y, \\ \dot{y} = \gamma'_1 x_1 y + \gamma'_2 x_2 y - \beta y, \end{cases} \quad (1.8)$$

Ici, les commutations ne dépendent que de l'état du système. Le système global peut donc être modélisé par le système hybride suivant :

1. $\mathcal{Q} = \{1, 2\}$.

2. $D_1 = \{(x_1, x_2, y) \in \mathbb{R}_+^3 \ : \ x_2 \leq K_2, \ y \leq y_{min}\}$,
   $D_2 = \{(x_1, x_2, y) \in \mathbb{R}_+^3 \ : \ x_2 \leq K_2, \ y > y_{min}\}$.

3. $\mathcal{E} = \{(1, 2), (2, 1)\}$.

4. $\mathcal{G} = \{G_e, e \in \mathcal{E}\}$. $\forall e \in \mathcal{E}, \ G_e \in \partial D_1 \cap \partial D_2 = \{(x_1, x_2, y) \in \mathbb{R}_+^3 \ : \ y = y_{min}\}$.

5. $\mathcal{R} = \{R_e, e \in \mathcal{E}\}$. $\forall x \in G_e, \ R_e(x) = \{x\}$.

**Systèmes dynamiques à commutation**

Un système dynamique à commutation ou switched system (voir par exemple [28]) est un système hybride où la variable discrète $q(t)$ n'est pas vue comme une variable d'état mais comme une variable de contrôle. Ainsi, l'évolution de $q(t)$ n'est pas contrainte par un système de gardes mais donnée par un facteur extérieur.

Par conséquent, d'après la définition 23, les systèmes dynamiques à commutation vérifient de manière spécifique la propriété suivante :

$$\forall e = (q, q') \in \mathcal{E}, G_e = D_q.$$

**Exemple 2** (Système à commutation).

*On suppose dans l'exemple du système hybride en biologie que les loups ne changent en rien leur habitude alimentaire et les migrations de la première famille de lapins sont cycliques.*

- *Premier mode : Période de l'année où les trois espèces cohabitent ensemble.*

$$\begin{cases} \dot{x}_1 = \alpha_1 x_1 - \gamma_1 x_1 y, \\ \dot{x}_2 = \alpha_2 x_2 (1 - \dfrac{x_2}{K_2}) - \gamma_2 x_2 y, \\ \dot{y} = \gamma_1 x_1 y + \gamma_2 x_2 y - \beta y, \end{cases} \quad (1.9)$$

- *Deuxième mode : Période de l'année où la première famille de lapins vit réfugiée*

$$\begin{cases} \dot{x}_1 = \alpha_1 x_1 (1 - \dfrac{x_1}{K_1}), \\ \dot{x}_2 = \alpha_2 x_2 (1 - \dfrac{x_2}{K_2}) - \gamma_2 x_2 y, \\ \dot{y} = \gamma_2 x_2 y - \beta y. \end{cases} \quad (1.10)$$

Dans ce cas, les changements de dynamique liés à ces migrations ne dépendent donc que du temps. Le système global peut donc être modélisé par le système à commutation suivant :

1. $\mathcal{Q} = \{1, 2\}$.

2. $\mathcal{E} = \{(1, 2), (2, 1)\}$.

3. $D_1 = D$ et $D_2 = D$ tels que $D = \{(x_1, x_2, y) \in \mathbb{R}^3_+ \; : \; x_1 \leq K_1, x_2 \leq K_2, \}$.

4. $f_1(x_1, x_2, y)$, $f_2(x_1, x_2, y)$

5. $G_{(1,2)} = G_{(2,1)} = D$.

6. $R_{(1,2)}(x_1, x_2, y) = R_{(2,1)}(x_1, x_2, y) = \{x_1, x_2, y\}$.

### 1.3.2 Solution d'un système hybride

Considérons un système hybride caractérisé par l'évolution des variables $q(t)$ et $x(t)$. La variable discrète $q(t)$ est constante par morceaux et est donc entièrement donnée par une subdivision $\{t_i\}_{i=0}^N$ du temps à savoir les points de discontinuité et des valeurs successives de $q(t)$. Pour des raisons de simplification, nous supposons que $q(t)$ prend un nombre fini de valeurs.

**Définition 24 (Trajectoire temporisée).**

*Une trajectoire temporisée $\tau = \{I_i\}_{i=0}^N$ est une séquence finie ou infinie ($N = \infty$) d'intervalles de $\mathbb{R}$ vérifiant :*

1. *Pour $i < N, I_i = [t_i, t_{i+1}]$ avec $t_i \leq t_{i+1}$*

2. *Si $N$ est fini, $I_N = [t_N, t_{N+1}]$ avec $t_N \leq t_{N+1}$ ou $I_N = [t_N, t_{N+1}[$ avec $t_N < t_{N+1}$ (on peut avoir $t_{N+1} = +\infty$).*

Les bornes des intervalles d'une trajectoire temporisée $\tau$, probablement à l'exception de $t_0$ et $t_{N+1}$, représentent les instants auxquels les transitions discrètes du système hybride, entièrement définies par $q(t)$, se produisent. La quantité $\sum_{i=0}^{i=N}(t_{i+1} - t_i)$ définit la longueur de la trajectoire temporisée $\tau$, de sorte que, lorsque celle-ci est finie (respectivement infinie), la trajectoire temporisée $\tau$ est dite limitée (respectivement illimitée).

Sur l'ensemble des trajectoires temporisées, on définit une relation d'ordre partiel.

**Définition 25 (Préfixe).**

*Soient $\tau = \{I_i\}_{i=0}^N$ et $\tau' = \{J_i\}_{i=0}^M$ deux trajectoires temporisées. On dit que $\tau$ est un préfixe de $\tau'$*

(noté $\tau \leq \tau'$) si elles sont identiques ou si $\tau$ est fini ($N < +\infty$) et

$$M \geq N, I_i = J_i, \text{ pour } i = \{0, ...N-1\}, \text{ et } I_N \subset J_N.$$

Si de plus $\tau \neq \tau'$, on dit que $\tau$ est un préfixe strict de $\tau'$ (noté $\tau < \tau'$)

**Remarque 5.**

Il est clair que si $\tau$ est un préfixe strict d'une trajectoire temporisée, alors, nécessairement, $\tau$ est fini et limité.

La notion de trajectoire temporisée est un élément essentiel dans la définition d'une trajectoire hybride.

**Définition 26** (Trajectoire hybride). *Une trajectoire hybride est un triplet $(\tau, q, x)$ constitué par la trajectoire temporisée hybride $\tau = \{I_i(\cdot)\}_0^N$, la séquence d'états discrets $q(t) \equiv \{\mathbf{q}_{(i)}(\cdot)\}_0^N$ et la séquence des états continus $x = \{x_i(\cdot)\}_0^N$ où $\mathbf{q}_{(i)} : I_i \longrightarrow \mathcal{Q}$ est constante et $x : \tau \longrightarrow \mathbb{R}$ est définie pour tout $t \in \tau$, par*

$$x(t) = x_i(t), \text{ si } t \in I_i \text{ et } t \notin \{t_1, ..., t_N\},$$

$$x(t_i^-) = x_{i-1}(t_i), x(t_i^+) = x_i(t_i) \quad \text{si } t = t_i.$$

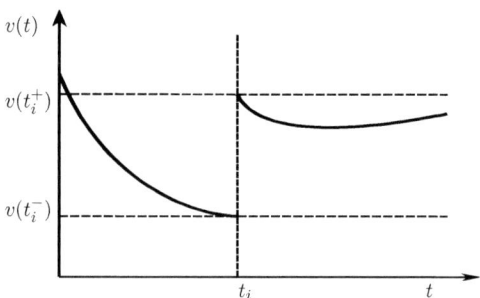

FIGURE 1.4 – Exemple d'une trajectoire hybride $(\tau, v)$

**Définition d'une exécution d'un système hybride**

Nous pouvons maintenant définir la notion de solution d'un système hybride (on parle d'exécution). L'ensemble des exécutions d'un système hybride est une partie de l'ensemble des trajectoires hybrides.

**Définition 27 (Exécution).**
*Une exécution d'un système hybride $\mathcal{H}$ est une trajectoire hybride $(\tau, q, x)$, où $\mathbf{q} : \tau \longrightarrow \mathcal{Q}$ et $x : \tau \longrightarrow \mathbb{R}^n$, vérifiant*

1. **évolution continue :** *pour tout $i \in \{0, ..., N\}$, tel que $t_i < t_{i+1}$ :*
   - *$q(t) = q_{(i)}$ est constante sur l'intervalle $I_i$;*
   - *$x(t) \in D_{q_{(i)}}$ sur l'intervalle $I_i$;*
   - *il existe une application mesurable $u : [t_i, t_{i+1}] \longrightarrow U_{q_{(i)}}$, telle que*

$$\forall t \in [t_i, t_{i+1}], \dot{x}(t) = f_{q_{(i)}}(x(t), u(t))$$

2. **évolution discrète :** *pour tout $i \in \{0, ..., N\}$ :*
   - *$e = (q(t_i^-), q(t_i^+)) \in \mathcal{E}$;*
   - *$x(t_i^-) \in G_e$;*
   - *$x(t_i^+) \in R_e(x(t_i^-))$.*

Dans le vocabulaire, on dit qu'un système hybride admet une exécution et le triplet $(t_0, q(t_0), x(t_0))$ est appelé condition initiale de l'exécution.

**Remarque 6.**
*Pour toute condition initiale $(t_0, q_0, x_0)$, $x_0$ doit être un élément de $D_{q_0}$.*

**Classification des exécutions**

Un système hybride peut admettre une grande variété d'exécutions. Une classification de ces exécutions se révèle utile.

**Définition 28 (Exécution maximale).**
*Une exécution $(\tau, q, x)$ est maximale si elle n'est le préfixe d'aucune autre exécution de $\mathcal{H}$.*

**Définition 29 (Exécution finie, infinie).**
*Une exécution $(\tau, q, x)$ est dite :*
   - *finie, si $\tau$ est finie et limitée ;*

– *infinie, si $\tau$ est soit infinie, soit illimitée. En particulier, une exécution dite de Zénon est finie et illimitée.*

On a, de manière assez immédiate, le résultat suivant.

**Proposition 5.**
*Une exécution infinie est maximale.*

Preuve : Soit $(\tau, q, x)$ une exécution infinie. $\tau$ est soit infinie, soit illimitée et ne peut donc pas être le préfixe d'une autre trajectoire temporisée. Par conséquent, l'exécution $(\tau, q, x)$ n'est le préfixe d'aucune autre trajectoire hybride et est donc maximale.

Nous supposons que les systèmes que nous étudions ne présentent pas de phénomène de **Zénon**, à savoir que sur tout intervalle de temps fini, il n'existe qu'un nombre fini de commutations.

### 1.3.3 Existence et unicité des exécutions (solutions)

Dans cette partie, on suppose que les équations différentielles définissant la dynamique continue du système sont autonomes. On considère donc un système hybride $\mathcal{H} = \{\mathcal{Q}, \mathcal{E}, \mathcal{D}, \mathcal{F}, \mathcal{G}, \mathcal{R}\}$. On suppose de plus, que pour tout $q \in \mathcal{Q}$, le champ de vecteur $f_q$ est Lipschitz sur $D_q$. Ainsi, pour tout $x_0 \in D_q$, le problème de Cauchy

$$\dot{x}(t) = f_q(x(t)), \quad x(t_0) = x_0, \quad x(t) \in D_q \tag{1.11}$$

admet une unique solution maximale. Cette solution est définie sur un intervalle $I$ qui peut être de la forme
- $I = [t_0, +\infty[$;
- $I = [t_0, T]$, avec $T < +\infty$ ; dans ce cas, $x(T) \in \partial D_q$ ;
- $I = [t_0, T[$, avec $T < +\infty$; dans ce cas, la limite de $x(t)$ en $T$ existe et

$$\lim_{t \to T} x(t) \in \partial D_q.$$

L'ensemble de ces points de $\partial D_q$ jouent un rôle essentiel pour les propriétés de déterminisme ou de non-blocage du système hybride. D'une part, si une transition du système hybride est possible alors que $x(t)$ n'est pas un point de cet ensemble, le système hybride peut soit continuer à évoluer continûment soit effectuer une transition. D'autre part, si lorsque $x(t)$ atteint un de ces points, toute transition est impossible, alors l'exécution du système hybride ne peut se poursuivre.

**Définition 30 (Point de sortie).**

*Soit $x_0$ un point de $D_q$, tel que $x(t)$, la solution maximale du problème de Cauchy (1.11) est définie sur un intervalle $I$ de longueur finie.*

- *Si $I = [t_0, T]$, alors $x(T)$ est un point de sortie de $D_q$.*
- *Si $I = [t_0, T[$, alors $\lim_{t \to T} x(t)$ est un point de sortie de $D_q$.*

*L'ensemble des points de sortie est une partie de $\partial D_q$ notée $S_q$.*

**Définition 31 (Système hybride déterministe).**

*Un système hybride $\mathcal{H}$ est déterministe, si, pour toute condition initiale $(t_0, q_0, x_0)$, $\mathcal{H}$ admet une unique exécution maximale.*

**Définition 32 (Système hybride non-bloquant).**

*Un système hybride $\mathcal{H}$ est non-bloquant, si, pour toute condition initiale $(t_0, q_0, x_0)$, $\mathcal{H}$ admet une exécution infinie.*

**Lemme 1 (Déterministe : condition nécessaire et suffisante [43]).**

*Un système hybride est déterministe si et seulement si il vérifie les trois conditions suivantes :*

*pour tout $(q, q') \in \mathcal{E}, G(q, q') \subset S_q$;*

*pour tout $(q, q') \in \mathcal{E} et (q, q'') \in \mathcal{E}, q' \neq q'', G(q, q') \cap G(q, q'') = \emptyset$*

*pour tout $e \in \mathcal{E}$ et $x \in G_e, R_e(x)$ contient un unique élément.*

Pratiquement, pour qu'un système hybride soit déterministe, il faut et il suffit qu'une transition ne soit possible que lorsque l'évolution continue est bloquée. De plus, lorsqu'une transition est autorisée, toutes les autres sont bloquées et la variable continue ne peut être réinitialisée qu'à une seule valeur.

**Lemme 2 (Non-bloquant : condition nécessaire et suffisante [43]).**

*Un système hybride déterministe est non-bloquant si et seulement si*

$$\forall q \in \mathcal{Q}, \quad \forall x \in S_q, \exists (q, q') \in \mathcal{E}, x \in G(q, q').$$

Grâce aux lemmes 1 et 2 on peut donner des conditions nécessaires et suffisantes pour l'existence et l'unicité d'une exécution infinie (et donc maximale) acceptée par le système hybride.

**Théorème 8 (Existence et unicité des exécutions [43]).**
Soit un système hybride $\mathcal{H}$ vérifiant les trois conditions suivantes
- pour tout $q \in \mathcal{Q}$, $\cup_{(q,q') \in \mathcal{E}}\ G(q,q') = S_q$;
- pour tout $(q,q') \in \mathcal{E}$ et $(q,q'') \in \mathcal{E}$, $G(q,q') \cap G(q,q'') = \emptyset$;
- pour tout $e \in \mathcal{E}$ et $x \in G_e$, $R_e(x)$ contient un unique élément.

Alors, pour toute condition initiale $(t_0, q_0, x_0)$, $\mathcal{H}$ admet une unique exécution infinie $(\tau, q, x)$. Toute exécution de $\mathcal{H}$ ayant $(t_0, q_0, x_0)$, pour condition initiale est un préfixe de $(\tau, q, x)$.

*Preuve :* D'après le lemme 2, $\mathcal{H}$ est non-bloquant. Par conséquent, pour toute condition initiale $(t_0, q_0, x_0)$, il existe une exécution infinie $(\tau, q, x)$.

D'après le lemme 1, $\mathcal{H}$ est déterministe. Donc, pour toute condition initiale, il existe une unique exécution maximale.

D'après la proposition 5, toute exécution infinie est maximale ; donc, pour toute condition initiale, il existe une unique exécution infinie.

De plus, comme $\mathcal{H}$ est déterministe, toute éxecution ayant $(t_0, q_0, x_0)$ pour condition initiale est un préfixe de $(\tau, q, x)$. Ξ

Ainsi, l'existence et l'unicité d'une exécution infinie pour toute condition initiale est garantie par des critères simples.

## Conclusion

Ce chapitre a d'abord présenté le concept de modèle mathématique, modélisation en biomathématique suivant l'approche compartimentale et la notion de modèle bien posé. Ensuite, nous avons abordé les équations différentielles ordinaires plus particulièrement la notion d'existence et d'unicité de solution et ces dérivées. Pour la classe des équations différentielles continues par rapport aux deux variables, nous avons donné les conditions du théorème de Cauchy-Lipschitz qui garantissent l'existence et l'unicité des solutions. Par contre, pour celles à second membre discontinu par rapport à la variable temporelle, les solutions existent au sens de carathéodory dont le sens de l'unicité est à préciser. Pour aborder à cette question surtout lorsque un processus biologique admet à la fois une dynamique discrète et une dynamique continue, nous avons présenté les systèmes hybrides tout en précisant lorsqu'ils sont considérés comme des systèmes à commutation. Dans cette partie, la notion de solution d'un système hybride, appelée exécution, a été présentée ainsi que les conditions qui permettent d'obtenir leur existence et leur unicité. Ces différentes notions avancées dans ce chapitre permettent d'aborder la modélisation de la dynamique de prolifération du *Typha* au chapitre suivant.

# Chapitre 2

# Modélisation de la prolifération du *Typha* au voisinage d'un ouvrage

**Contents**

| | |
|---|---|
| 2.1. Généralités sur le genre *Typha* . . . . . . . . . . . . . . . . . . . . . . . . . | 37 |
|     2.1.1. Description . . . . . . . . . . . . . . . . . . . . . . . . . . . . . . . . | 37 |
|     2.1.2. Reproduction et prolifération . . . . . . . . . . . . . . . . . . . . . | 38 |
|     2.1.3. Distribution et Typhacés au Sénégal . . . . . . . . . . . . . . . . . . | 38 |
| 2.2. Modélisation mathématique . . . . . . . . . . . . . . . . . . . . . . . . . . . | 39 |
|     2.2.1. Formulation du modèle de base . . . . . . . . . . . . . . . . . . . . . | 39 |
|     2.2.2. Modèle bien posé . . . . . . . . . . . . . . . . . . . . . . . . . . . . . | 45 |
| 2.3. Taux de reproduction de base et équilibres des sous-systèmes . . . . . . . | 47 |
|     2.3.1. Points d'équilibre du sous-système actif en période d'émergence des jeunes pousses issues de la reproduction sexuée . . . . . . . . . . . . . . . . . | 48 |
|     2.3.2. Points d'équilibre du sous-système actif en absence d'émergence des jeunes pousses issues de reproduction sexuée . . . . . . . . . . . . . . . | 50 |
| 2.4. Simulations numériques . . . . . . . . . . . . . . . . . . . . . . . . . . . . . | 52 |
|     2.4.1. Comportement asymptotique du sous-système actif en d'émergence des jeunes pousses issues de la reproduction sexuée. . . . . . . . . . . . . | 53 |
|     2.4.2. Comportement asymptotique du sous-système actif en absence d'émergence des jeunes pousses issues de la reproduction sexuée. . . . . . . . . | 54 |
|     2.4.3. Simulations du système à commutation . . . . . . . . . . . . . . . . . | 55 |

# Introduction

Le *Typha* est une plante aquatique, invasive et pérenne. Il se développe grâce à deux modes de reproduction : la reproduction *sexuée* et la reproduction aséxuée dite multiplication *végétative*. Elles peuvent s'effectuer simultanément chez une plante adulte durant une partie de l'année ; par exemple entre les mois de mars et de juin. En effet, la reproduction sexuée est saisonnière. Elle donne naissance à des jeunes pousses provenant des graines. La multiplication végétative, quant à elle, fournit durant toute l'année des jeunes poussent issues d'une sorte de racines appelées rhizomes. Avec ces types de renouvellement, les espèces de Typha sont réparties dans toutes les zones climatiques du monde, particulièrement dans les milieux aquatiques ou semi-aquatiques peu profonde avec une eau douce peu saumâtre [2]. Lorsque l'eau change de propriétés comme c'est le cas des points d'eau dans le Parc National des Oiseaux de Djoudj (PNOD), il peut arriver une situation de prolifération du Typha.

Le PNOD est une zone humide située dans la vallée du fleuve sénégal. Il est un lieu de rencontre d'oiseaux migrateurs paléatiques et afro-tropicaux [78], inscrit au patrimoine mondial de l'UNESCO en 1981 [88]. Le *Typha* était présent dans les eaux du parc vers les années 50 mais avait disparu durant les années 70 à cause d'une longue période d'étiage et de sécheresse [76]. La mise en service du barrage hydro-agricole de Diama en 1986, modifiant l'écosystème du bassin du fleuve sénégal, a engendré la réapparition du *Typha* dans la vallée [42]. Dès lors, l'inquiétante invasion du *Typha* dans le réseau hydrographique du PNOD a provoqué d'importantes nuisances environnementales, socio-économiques et sanitaires [14]. Il s'agit essentiellement d'une perte de la biodiversité, d'une forte baisse de la rentabilité des activités économiques liées à l'inaccessibilité à l'eau pour l'agriculture, l'élevage et la pêche et l'occurence fréquente de certaines maladies hydriques (le paludisme et la bilharziose) [67].

Plusieurs méthodes de lutte notamment mécanique, biologique et chimique, ont été mises en oeuvre pour éradiquer le Typha dans le PNOD [60]. Elles se sont appuyées sur des connaissances empiriques d'une faible consistance statistique et ont eu une efficacité variable et limitée dans le temps [60]. Ainsi, l'orientation vers une lutte écohydrologique est recommandée par l'UNESCO pour combattre le typha dans le PNOD. Afin de contribuer à ce contrôle, un modèle mathématique décrivant la dynamique de prolifération du Typha est contruit dans ce chapitre. Peu de travaux concernent la modélisation mathématique du Typha, on peut citer deux publications : [37] et [7]. Les auteurs de [37] proposent un système d'équations différentielles ordinaires de dimension élevée décrivant la liaison entre la variation de la biomasse du Typha et l'impact de la photosynthèse sur sa phénologie au cours du temps. Avec des données tirées d'une longue expérience de terrain, ils estiment les paramètres du modèle et montrent numériquement les effets des changements longitudinaux de température et de radiation sur la croissance de la biomasse totale du typha partionnée en rhizomes, fleurs, feuilles et tiges structurés en âge. Le second article [7] examine, de manière empirique, les effets des changements latitudinaux de température et de rayonnement sur le partitionnement de la biomasse totale au cours de la saison de croissance en rhizomes, racines, pousses florifères et végétatives, et inflorescences avec le même type de modèle.

Dans ce chapitre, la section 1 présente des généralités sur l'écohydrologie du Typha. Dans la section 2, nous construisons un système différentiel à commutation non linéaire de dimension trois décrivant l'évolution au cours du temps des jeunes issues de la reproduction saisonnière des graines, celles issues des rizhomes et des adultes de typha dans un domaine restreint d'un cours d'eau. La section 3 est consacrée à la détermination des points d'équilibre des sous-systèmes en fonction des taux de reproduction de base. La dernière section expose les simulations numériques du comportement asymptotique des systèmes suivant une comparaison des taux de reproduction de base à 1.

## 2.1 Généralités sur le genre *Typha*

### 2.1.1 Description

Le genre Typha appartient à la classe des Monocotylédones, à la sous-classe des Commelinidae, à l'ordre des Typhales et à la famille des Typhaceae [62]. Le Typha est une plante herbacée pérenne rhizomateuse poussant dans les milieux aquatiques et semi aquatiques. Les plants de Typha se développent aux bords des eaux calmes et des fossés et également en bordure des lacs, dans les marais, etc. Plus généralement, ils prolifèrent dans les milieux humides et poussent en colonies denses. Cette plante aquatique est identifiée comme un hélophyte érigé pouvant atteindre plus de 3 m de hauteur avec une tige basse, non ramifiée et sans noeud. La tige est axée à sa base sur d'épais rhizomes rampants souterrains. De cette tige partent, au même niveau, des feuilles linéaires rubanées, plus ou moins épaisses. Ces feuilles sont spongieuses permettant la circulation interne de l'air [62]. Elles peuvent être larges de 1 à 2 cm ou connaître un limbe à

dos arrondi ou anguleux [13]. L'inflorescence d'un plant de Typha est un épi constitué :
- d'une partie supérieure appelée staminate où sont regroupées les fleurs mâles ;
- d'une partie inférieure appelée pistillate qui réunit les fleurs femelles.

Ainsi, cet épi est l'appareil de reproduction sexuée du Typha.

### 2.1.2 Reproduction et prolifération

Le Typha se reproduit aussi bien de façon sexuée qu'asexuée. La reproduction sexuée concerne une apparition saisonnière des fleurs, de mars à juin. Cette floraison dépend de la température de l'eau et du sol ; elle est sous l'influence du climat et de la litière [59]. La pollinisation est anémophile et aboutit à la production de plusieurs milliers de fruits sous forme d'achènes entre 20000 et 700000 fruits par plante adulte [84]. La maturation des fruits se fait généralement entre août et septembre. Ces fruits sont munis de poils à leur base ce qui facilite leur dissémination par le vent. Les graines sont très petites et pèsent environ 0, 055 mg chacune [47]. Elles sont fusiformes avec une des extrémités aplaties [58]. Au contact de l'eau, le péricarpe se rompt. Les graines peuvent rester sur place ou être transportées dans des biotopes favorables où elles peuvent germer si les conditions environnementales s'y prêtes.

La reproduction asexuée est en réalité une multiplication végétative. En raison de leur grande capacité de multiplication, les rhizomes génèrent chacun une ou plusieurs tiges qui vont donner à leur tour des jeunes pousses ( [23] ; [34]). Cette forme de reproduction est supposée responsable du maintien et de la rapide prolifération des typhaies ( [59] ; [39]). En plan d'eau, l'expansion de la ceinture hélophytique par dispersion des graines et extension des rhizomes a lieu vers de plus grandes profondeurs par piégeage de vase, de matière organique. Il s'agit du phénomène naturel d'atterrissement [23]. Le développement des rhizomes en réseau est très efficace, par exemple une plantule de Typha sp. installée sur un site peut donner $10\ m^2$ en 1 an et $50\ m^2$ en 2 ans [34].

### 2.1.3 Distribution et Typhacés au Sénégal

Différentes espèces du genre Typha ont été signalées à travers le monde parmi lesquelles T. domingensis (autrefois appelée T. australis), T. latifolia, T. angustifolia et T. elephantina sont les plus fréquentes. Si T. latifolia et T. angustifolia sont plus fréquentes en Europe, T. domingensis et T. elephantina, quant à elles, poussent surtout dans les régions tropicales et subtropicales [59]. Dans la flore du Sénégal, seules deux espèces du genre Typha avaient été signalées ( [13] ; [1]).

Il s'agit de T. domingensis et de T. elephantina. A ces deux espèces vient s'ajouter T. latifolia dans la flore ouest africaine [40]. Ces trois espèces peuvent être identifiées d'après une clé de détermination simplifiée [13] :

1. Bractéole absent sur la fleur femelle ; pas de séparation entre les inflorescences mâle et femelle : T. latifolia
2. Bractéole présent sur la fleur femelle ; séparation des inflorescences mâles et femelles.
    a) limbe à dos très arrondi, sans arête dorsale : T. domingensis,
    b) limbe à dos légèrement anguleux, avec arête dorsale : T. elephantina.

T. angustifolia est difficile à distinguer de T. domingensis. Toutefois, ce dernier est surtout plus grand et ses feuilles sont aplaties et plus nombreuses [5]. Les feuilles de par leur couleur, leur épaisseur, et leur nombre, peuvent servir à la discrimination des espèces du genre Typha. T. latifolia à feuilles gris verdâtre et larges, se distingue de T. angustifolia à feuilles vertes et étroites et de T. domingensis à feuilles aplaties et nombreuses [59]. Chez T. angustifolia et T. domingensis, ces feuilles sont généralement plus hautes que les inflorescences alors que chez T. latifolia, leurs hauteurs ne dépassent jamais celle de l'inflorescence. Chez T. domingensis, le limbe est à dos très arrondi et à nervure principale non saillante [13].

Parmi ces différents espèces, il a été signalé uniquement T. domingensis dans le delta du fleuve Sénégal où se trouve le PNOD ( [67] ; [73] ; [50]). Le Typha infeste de manière impressionnante le parc avec des conséquences néfastes allant de la réduction de la rentabilité des activités socio-économique à la réduction de la biodiversité.

## 2.2 Modélisation mathématique

### 2.2.1 Formulation du modèle de base

Dans cette section de modélisation mathématique, nous nous intéressons à la dynamique de prolifération du typha aux abords d'un cours d'eau. Nous considérons le développement de cette plante dans un cours d'eau et au voisinage fermé d'un ouvrage hydraulique. En fait, nous fixons une zone admissible de développement du typha. La plante évolue dans cet espace suivant un ensemble de conditions écohydrologiques allant des berges jusqu'à une hauteur d'eau de profondeur maximale estimée environ à 3 m. Une situation fréquente peut être représentée par la figure 2.1.

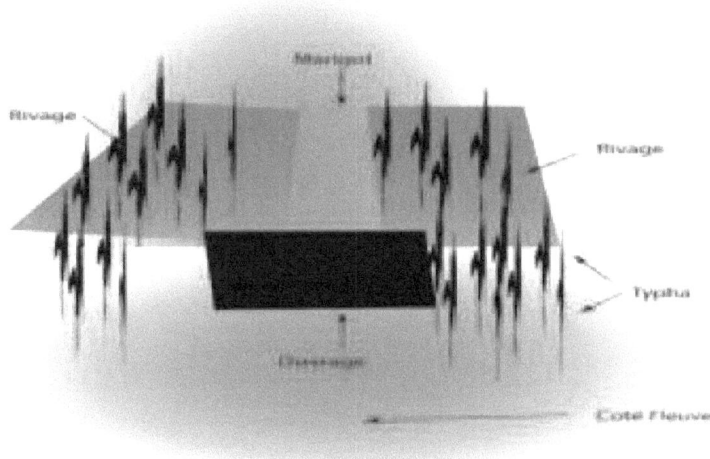

FIGURE 2.1 – Développement du typha au voisinage d'un ouvrage

Nous supposons que la salinité, la température, la qualité de l'eau et les paramètres environnementaux contribuant au développment du typha sont dans cette zone en deça des seuils de tolérance. Ici, nous scindons le cycle de vie du Typha en deux phases : une phase d'émergence ou état non reproductif appelé jeune pousse et une phase reproductive concernant les adultes pouvant observés l'une des deux modes de reproduction. Nous faisons la différence entre les jeunes pousses issues de graines et celles issues de rhizomes. Même si toute jeune pousse de Typha a besoin de ressources nutritives et de l'eau pour croître et devenir une plante reproductive, leur division en deux classes distinctes permet de marquer l'émergence saisonnière pour l'une et l'émergence durant toute l'année pour l'autre. Cette distinction peut avoir une signification dans le choix des stratégies de contrôle en rapport avec leur impact et leur durée d'application. Par exemple, la coupe des adultes après la reproduction saisonnière des graines peut ne pas avoir un impact sur l'émergence de jeunes pousses issues de ce mode de reproduction. Ainsi, une stratégie de lutte qui modifie les caractéristiques physico-chimiques de l'eau peut avoir plus d'impact sur le développement des rhizomes que sur la capacité des adultes à produire des graines.

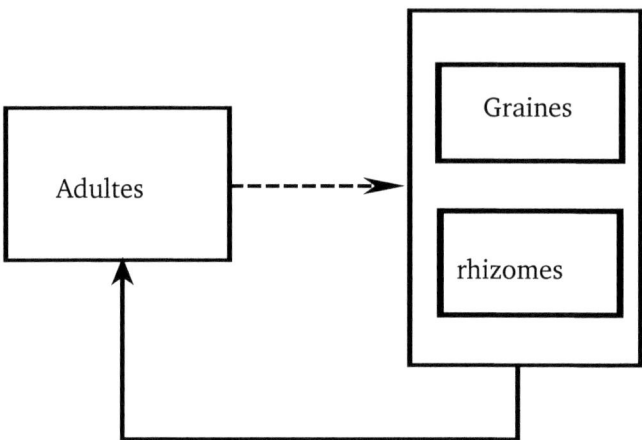

FIGURE 2.2 – Schéma du cycle reproductif d'un typhacé

Du point de vue de la structure du modèle, nous considérons donc trois compartiments distincts : le compartiment des jeunes pousses provenant de la reproduction sexuée ($E_s$), le compartiment des jeunes pousses provenant de la reproduction asexuée ($E_r$) et le compartiment des adultes ($A$) dans lequel la plante se reproduit selon les deux modes de reproduction. Soit $K$ la capacité d'accueil de la zone considérée, $i.e$, le nombre maximal de plantes de typha que peut contenir cet espace, noté $\Theta$. Pour un instant $t$ fixé, soit $Y(t) = E_s(t) + E_r(t) + A(t)$ le nombre total de plantes dans $\Theta$. Nommons $f(t, E_s, E_r, A)$ le nombre de jeunes pousses émergeant par unité de temps issues de la reproduction sexuée, $g(t, E_s, E_r, A)$ le nombre de jeunes pousses émergeant par unité de temps issues de la multiplicaton végétative, $\gamma_s$ (resp. $\gamma_r$) désigne le taux de passage de $E_s$ (resp. $E_r$) vers $A$. Les coefficients $\mu_s$, $\mu_r$ et $\mu_a$ désignent respectivement les taux de mortalité dans les compartiments $E_s$, $E_r$ et $A$. Le schéma relationnel entre ces trois compartiments est présenté dans la figure 2.3.

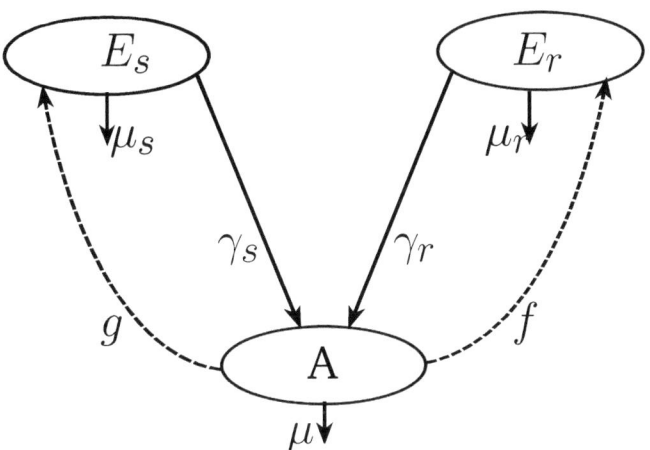

FIGURE 2.3 – Schéma compartimental

**Premières équations du modèle de prolifération du typha**

Pour une date $t$ fixée, considérons une durée $dt$ assez réduite. En évaluant, les variations durant cette durée $dt$, nous obtenons les équations décrivant chacun des compartiments.

**Pour les jeunes pousses issues des graines.**

La variation des jeunes pousses provenant des graines entre les dates $t$ et $t + dt$ est donnée par l'équation

$$E_s(t+dt) - E_s(t) = g(t, E_s, E_r, A)dt - \gamma_s E_s dt - \mu_s E_s dt \tag{2.1}$$

**Pour les jeunes pousses issues des rhizomes.**

La variation des jeunes pousses provenant des rhizomes entre les dates $t$ et $t + dt$ est donnée par l'équation

$$E_r(t+dt) - E_r(t) = f(t, E_s, E_r, A)dt - \gamma_r E_r dt - \mu_r E_r dt \tag{2.2}$$

**Pour les adultes en phase de reproduction.**

La variation des adultes en phase de reproduction entre les dates $t$ et $t + dt$ est donnée par l'équation

$$A(t+dt) - A(t) = \gamma_s E_s dt + \gamma_r E_r dt - \mu A dt \qquad (2.3)$$

En divisant chacune des équations (Eq.2.1), (Eq.2.2) et (Eq.2.3) par dt et en faisant tendre dt vers 0, nous obtenons le système d'équations différentielles ordinaires suivant :

$$\begin{cases} \dot{E}_s = g(t, E_s, E_r, A) - (\gamma_s + \mu_s) E_s, \\ \dot{E}_r = f(t, E_s, E_r, A) - (\gamma_r + \mu_r) E_r, \\ \dot{A} = \gamma_s E_s + \gamma_r X_r - \mu A, \end{cases} \qquad (2.4)$$

**Modèles d'émergence des jeunes pousses du Typha**

Pour les considérations écohydrologiques précitées, l'émergence de jeunes pousses tant issues de la reproduction sexuée ($g(t)$) que la multiplication végétative ($f(t)$) dépendent de l'aire disponible dans l'espace d'accueil au voisinage de l'ouvrage et aussi du nombre de plantes en phase reproductive $A(t)$. Soit $\left(1 - \dfrac{Y(t)}{K}\right)$ la probabilité d'émergence d'un jeune pousse dans l'espace admissible à l'instant $t$, elle caractérise la saturation de l'environnement : plus le Typha est nombreux, plus il est difficile d'avoir une émergence dans l'espace. Soient $\tilde{c}_s(t)$ et $c_r$ les taux de croissance des jeunes pousses provenant respectivement des graines et des rhizomes produit par un Typha adulte à l'instant $t$ sans contrainte d'espace. Alors, les taux de production de jeunes pousses issues de la reproduction asexuée et sexuée d'un adulte au voisinage de l'ouvrage hydraulique à l'instant $t$ sont respectivement $c_r \left(1 - \dfrac{Y(t)}{K}\right)$ et $\tilde{c}_s(t)\left(1 - \dfrac{Y(t)}{K}\right)$. Il vient alors que

$$f(t) = c_r A(t) \left(1 - \dfrac{Y(t)}{K}\right) \qquad (2.5)$$

$$g(t) = \tilde{c}_s(t) A(t) \left(1 - \dfrac{Y(t)}{K}\right) \qquad (2.6)$$

Nous considérons que le taux de reproduction sexuée saisonnière $\tilde{c}_s$ est une fonction positive, bornée et dépend seulement du temps. De plus, $\tilde{c}_s$ satisfait l'hypothèse

$$H_0: \quad supp(c_s) \subset \cup_{k=0}^{\infty} [t_{2k}, t_{2k+1}] \text{ and } \tilde{c}_s(t) = 0 \ \forall t \in \cup_{k=0}^{\infty} [t_{2k+1}, t_{2k+2}]$$

Les nombres $t_{2k}$ et $t_{2k+1}$ représentent respectivement les dates de début et de fin des émergences de jeunes pousses issues des graines d'une année $k$. La notation $supp$ désigne le support d'une fonction numérique défini par l'adhérence de l'ensemble des dates qui ne sont pas un zéro de la fonction $c_s$.

**Modèle adimensionnel de prolifération du typha au voisinage d'un ouvrage hydraulique**

Lorsque l'on remplace $f(t, E_s, E_r, A)$ et $g(t, E_s, E_r, A)$ respectivement par leurs expressions (2.5) et (2.6) dans le modèle général (Eq.2.4), nous obtenons le système d'équations différentielles ordinaire suivant

$$\begin{cases} \dot{E}_s = \tilde{c}_s(t) A \left(1 - \dfrac{Y}{K}\right) - (\gamma_s + \mu_s) E_s, \\ \dot{E}_r = c_r A \left(1 - \dfrac{Y}{K}\right) - (\gamma_r + \mu_r) E_r, \\ \dot{A} = \gamma_s E_s + \gamma_r E_r - \mu A, \end{cases} \quad (2.7)$$

En posant $e_s = \dfrac{E_s}{K}, e_r = \dfrac{E_r}{K}$, et $a = \dfrac{A}{K}$, nous obtenons le modèle adimensionnel suivant

$$\begin{cases} \dot{e}_s = \tilde{c}_s(t) a (1 - y) - (\gamma_s + \mu_s) e_s, \\ \dot{e}_r = c_r a (1 - y) - (\gamma_r + \mu_r) e_r, \\ \dot{a} = \gamma_s e_s + \gamma_r e_r - \mu a, \end{cases} \quad (2.8)$$

où $y(t) = e_s(t) + e_r(t) + a(t)$.

La fonction $\tilde{c}_s(t)$ est définie par

$$\tilde{c}_s(t) = \begin{cases} c_s, & \text{si } t \in [iT, (i + \alpha_i)T[, \\ 0, & \text{si } t \in [(i + \alpha_i)T, (i + 1)T]. \end{cases} \quad (2.9)$$

où $\alpha_i T$, $0 \leq \alpha_i \leq 1$ ($i \in \mathbb{N}$) est la fraction de l'année $i$ durant laquelle la reproduction sexuée s'effectue.

Nous précisons que $\alpha_i$ n'est pas connue a priori. Ainsi, nous obtenons un modèle à commutation défini par les deux sous-systèmes non linéaires qui commutent durant chaque année $i$ suivant le modèle défini comme suit :

$$\begin{cases} \dot{e}_s = c_s a(1-y) - (\gamma_s + \mu_s)e_s, \\ \dot{e}_r = c_r a(1-y) - (\gamma_r + \mu_r)e_r, \\ \dot{a} = \gamma_s e_s + \gamma_r e_r - \mu a, \end{cases} \quad (2.10)$$

si $iT \leq t < (i+\alpha_i)T)$, avec $i \in \mathbb{N}$ et

$$\begin{cases} \dot{e}_s = -(\gamma_s + \mu_s)e_s, \\ \dot{e}_r = c_r a(1-y) - (\gamma_r + \mu_r)e_r, \\ \dot{a} = \gamma_s e_s + \gamma_r e_r - \mu a, \end{cases} \quad (2.11)$$

si $(i+\alpha_i)T \leq t < (i+1)T)$.

Le sous–système (2.10) est celui qui est actif en période d'émergence des jeunes pousses issues de la reproduction sexuée et le sous–système (2.11) est actif en absence d'émergence des jeunes pousses issues de la reproduction sexuée.

Nous supposons dans la suite que les paramètres $c_s$, $c_r$, $\mu_s$, $\mu_r$, $\gamma_s$, $\gamma_r$ et $\mu$ sont strictements positifs.

### 2.2.2 Modèle bien posé

Le système d'équations différentielles ordinaires non linéaires (Eq.2.8) est mathématiquement bien défini sur $\mathbb{R}^3$. Néanmoins, la région biologique qui nous intéresse est l'ensemble fermé suivant

$$\Omega = \{(e_s, e_r, a) \in \mathbb{R}^3_+, \quad e_s + e_r + a \leq 1\},$$

Cet ensemble d'étude définit la positivité des quantités biologiques et la capacité de charge limitée du milieu.

**Proposition 6.**

*Le système à commutation défini par les sous-systèmes (2.10) et (2.11) admet une unique exécution (solution) hybride dans $\Omega$.*

*Preuve.* Pour montrer l'unicité de la solution du modèle à commutation formé par les sous-systèms (2.10) et (2.11), il suffit de montrer qu'il est déterministe et non-bloquant. Comme notre modèle à commutation ((2.10) et (2.11)) est défini par :

1. $\mathcal{Q} = \{1, 2\}$.

2. $\mathcal{E} = \{(1,2), (2,1)\}$.

3. $D_1 = D_2 = \Omega$.

4. $G_{(1,2)} = G_{(2,1)} = \Omega$.

5. $R_{(1,2)}(x) = R_{(2,1)}(x) = \{x\}$.

D'une part, la propriété $R_{(1,2)}(x) = R_{(2,1)}(x) = \{x\}$ contient un unique élément et $\mathcal{E} = \{(1,2), (2,1)\}$ entraine d'après le lemme 1 que le modèle à commutation est déterministe.

D'autre part, la propriété $D_1 = D_2 = \Omega$ et $G_{(1,2)} = G_{(2,1)} = \Omega$ entraine d'après le lemme 2 que le système est non bloquant.

Ainsi, d'après le théorème 8, le système à commutation ( (2.10) et (2.11) ) admet une unique solution hybride dans le domaine $\Omega$.

**Proposition 7.**

*Le domaine $\Omega$ est positivement invariant pour le système (2.8).*

*Preuve*

La positivité de la solution est garantie par le fait que si on annule une variable, sa dérivé reste positive. En effet, nous évaluons $\dot{e}_s$, $\dot{e}_r$ et $\dot{a}$ respectivement lorsque $e_s = 0$, $e_r = 0$ et $a = 0$. On obtient :

$$e_s = 0 \text{ et } e_r + a \leq 1 \Longrightarrow \dot{e}_s = \tilde{c}_s(t)a(1 - e_r - a) \geq 0,$$

$$e_r = 0 \text{ et } e_s + a \leq 1 \Longrightarrow \dot{e}_r = c_r a(1 - e_s - e_r) \geq 0,$$

$$a = 0 \text{ et } e_s + e_r \leq 1 \Longrightarrow \dot{a} = \gamma_s e_s + \gamma_r e_r \geq 0.$$

Il reste à montrer que la variable $y(t)$ est inférieure à 1. Tout d'abord, nous avons

$$\dot{y} = a(c_r + \tilde{c}_s(t))(1 - y) - \mu_s \gamma_s - \mu_r \gamma_r - \mu a.$$

Il s'en suit :

$$\dot{y} = -\mu_s e_s - \mu_r e_r - \mu a \leq 0 \text{ lorsque } y = 1, e_s \geq 0, e_r \geq 0 \text{ et } a \geq 0.$$

Ceci permet de conclure que la frontière de $\Omega$ n'est pas franchissable par toute solution du système (2.8) ayant une condition initiale appartenant à $\Omega$.

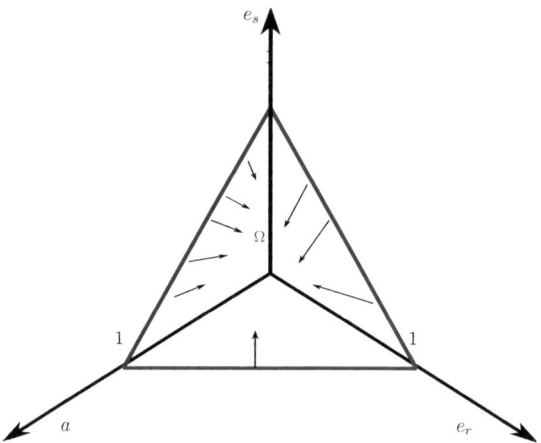

FIGURE 2.4 – Les trajectoires restent toujours dans $\Omega$

$\boxtimes$

Ainsi d'après les propositions 6 et 7, nous en déduisons que le modèle à commutation (2.10 et 2.11) est bien posé.

L'unique solution d'équilibre du modèle est donnée par la proposition suivante.

**Proposition 8.**
*Le système à commutation (2.10 et 2.11) admet $E_0 = (0,0,0)$ comme une unique solution d'équilibre.*

## 2.3 Taux de reproduction de base et équilibres des sous-systèmes

On définit le taux de reproduction de base suivant :

$$R_{0,1} = R_{0,s} + R_{0,r}, \tag{2.12}$$

où

$$R_{0,s} = \frac{c_s \gamma_s}{\mu(\gamma_s + \mu_s)} \text{ et } R_{0,r} = \frac{c_r \gamma_r}{\mu(\gamma_r + \mu_r)}, \tag{2.13}$$

Ces paramètres sont obtenus à partir du calcul des points d'équilibre développé dans les sous-sections suivantes.

## 2.3.1 Points d'équilibre du sous-système actif en période d'émergence des jeunes pousses issues de la reproduction sexuée

La proposition suivante décrit les points équilibres du sous-système (2.10) en fonction des taux de reproduction de base.

**Proposition 9.**

*Si $R_{0,1} \leq 1$, le sous-système (2.10) admet l'unique point d'équilibre $E_0 = (0,0,0)$. Si $R_{0,1} > 1$, il admet un second point d'équilibre $E_1$ donné par*

$$E_1 = \begin{pmatrix} \dfrac{c_s \mu (\gamma_r + \mu_r)}{c_s(\gamma_s + \mu)(\gamma_r + \mu_r) + c_r(\gamma_r + \mu)(\gamma_s + \mu_s)} \dfrac{(R_{0,1} - 1)}{R_{0,1}} \\ \dfrac{c_r \mu (\gamma_s + \mu_s)}{c_s(\gamma_s + \mu)(\gamma_r + \mu_r) + c_r(\gamma_r + \mu)(\gamma_s + \mu_s)} \dfrac{(R_{0,1} - 1)}{R_{0,1}} \\ \dfrac{\mu(\gamma_s + \mu_s)(\gamma_r + \mu_r)}{c_s(\gamma_s + \mu)(\gamma_r + \mu_r) + c_r(\gamma_r + \mu)(\gamma_s + \mu_s)}(R_{0,1} - 1) \end{pmatrix} \quad (2.14)$$

*Preuve.* Les points d'équilibre du sous-système (2.10) vérifient

$$c_s a^*(1 - e_s^* - e_r^* - a^*) = (\gamma_s + \mu_s)e_s^* \quad (2.15)$$

$$c_r a^*(1 - e_s^* - e_r^* - a^*) = (\gamma_r + \mu_r)e_r^* \quad (2.16)$$

$$\gamma_s e_s^* + \gamma_r e_r^* = \mu a^* \quad (2.17)$$

Si une composante s'annule, alors $E_0 = (0,0,0)$ est solution. Sinon $e_s^* > 0$, $e_r^* > 0$ et $a^* > 0$ alors,

$$1 - e_s^* - e_r^* - a^* \neq 0.$$

puisque

$$1 - e_s^* - e_r^* - a^* = 0 \text{ implique } e_s^* = 0.$$

En faisant le rapport membre à membre de l'équation (2.15) par l'équation (2.16) on obtient, après simplification :

$$e_r^* = \frac{c_2}{c_1} \frac{\gamma_s + \mu_s}{\gamma_r + \mu_r} e_s^* \qquad (2.18)$$

Or, l'équation (2.17) implique

$$a^* = \frac{\gamma_s}{\mu} e_s^* + \frac{\gamma_r}{\mu} e_r^*. \qquad (2.19)$$

Remplaçons dans l'équation (2.19) $e_r^*$ par sa valeur (2.18). On obtient l'expression suivante de $a^*$ en fonction de $e_s^*$

$$a^* = \left[\frac{\gamma_s}{\mu} + \frac{\gamma_r c_2}{\mu c_1} \frac{(\gamma_s + \mu_s)}{(\gamma_r + \mu_r)}\right] e_s^*. \qquad (2.20)$$

Par conséquent,

$$a^* = \frac{c_1 \gamma_s(\gamma_r + \mu_r) + c_2 \gamma_r(\gamma_s + \mu_s)}{\mu c_1 (\gamma_r + \mu_r)} e_s^*. \qquad (2.21)$$

On peut écrire l'équation (2.15) sous la forme

$$1 - e_s^* - e_r^* - a^* = \frac{\gamma_s + \mu_s}{c_1} \frac{e_s^*}{a^*}. \qquad (2.22)$$

Remplaçons alors $e_r^*$ et $a^*$ par leurs valeurs (2.18) et (2.21) dans cette équation : on obtient, après simplification par $e_s^*$, l'équation suivante en l'unique variable $e_s^*$

$$1 - e_s^* - \frac{c_2}{c_1} \frac{(\gamma_s + \mu_s)}{(\gamma_r + \mu_r)} e_s^* - \frac{c_1 \gamma_s(\gamma_r + \mu_r) + c_2 \gamma_r(\gamma_s + \mu_s)}{\mu c_1 (\gamma_r + \mu_r)} e_s^* = \frac{1}{R_{0,1}}.$$

Cette équation s'écrit :

$$e_s^* \left[1 + \frac{c_2}{c_1} \frac{(\gamma_s + \mu_s)}{(\gamma_r + \mu_r)} + \frac{c_1 \gamma_s(\gamma_r + \mu_r) + c_2 \gamma_r(\gamma_s + \mu_s)}{\mu c_1 (\gamma_r + \mu_r)}\right] = 1 - \frac{1}{R_{0,1}}.$$

On en déduit alors, en réduisant au même dénominateur

$$e_s^* \frac{\mu c_1 (\gamma_r + \mu_r) + \mu c_2 (\gamma_s + \mu_s) + c_1 \gamma_s(\gamma_r + \mu_r) + c_2 \gamma_r(\gamma_s + \mu_s)}{\mu c_1 (\gamma_r + \mu_r)} = 1 - \frac{1}{R_{0,1}}.$$

Par conséquent,

$$e_s^* = \frac{\mu c_1(\gamma_r + \mu_r)}{c_1(\gamma_s + \mu)(\gamma_r + \mu_r) + c_2(\gamma_r + \mu)(\gamma_s + \mu_s)} \frac{R_{0,1} - 1}{R_{0,1}}.$$

De l'équation (2.18) on déduit alors

$$e_r^* = \frac{\mu c_2(\gamma_s + \mu_s)}{c_1(\gamma_s + \mu)(\gamma_r + \mu_r) + c_2(\gamma_r + \mu)(\gamma_s + \mu_s)} \frac{R_{0,1} - 1}{R_{0,1}}.$$

Et de l'équation (2.21), on déduit

$$a^* = \frac{\mu(\gamma_s + \mu_s)(\gamma_r + \mu_r)}{c_1(\gamma_s + \mu)(\gamma_r + \mu_r) + c_2(\gamma_r + \mu)(\gamma_s + \mu_s)} (R_{0,1} - 1).$$

Il ne reste plus qu'à montrer que $(e_s^*, e_r^*, a^*)^t$ appartient à $\Omega$.

$(e_s^*, e_r^*, a^*)^t$ appartient à $\Omega$. En effet, si $R_{0,1} > 1$ nous avons $e_s^* > 0, e_r^* > 0$ et $a^* > 0$. De plus en remplaçant $e_s^*$ et $a^*$ dans le second membre de l'équation (2.22) on obtient l'expression

$$1 - e_s^* - e_r^* - a^* = \frac{1}{R_{0,1}}$$

donc,

$$e_s^* + e_r^* + a^* = 1 - \frac{1}{R_{0,1}}. \tag{2.23}$$

Ainsi,

$$e_s^* + e_r^* + a^* < 1.$$

On en déduit que (2.14) est l'équilibre positif du sous-système (2.10).

$\Xi$

## 2.3.2 Points d'équilibre du sous-système actif en absence d'émergence des jeunes pousses issues de reproduction sexuée

On rappelle que $c_r > 0$. La proposition suivante fournit les équilibres du sous-système (2.11).

**Proposition 10.**

Si $R_{0,r} \leq 1$ alors le sous-système (2.11) admet l'unique point d'équilibre $E_0 = (0,0,0)$. Sinon, lorsque $R_{0,r} > 1$, ce sous-système admet un second point d'équilibre $E_2$ donné par

$$E_2 = \begin{pmatrix} 0 \\ \dfrac{\mu}{(\gamma_r + \mu)} \dfrac{(R_{0,r} - 1)}{R_{0,r}} \\ \dfrac{\mu(\gamma_r + \mu_r)}{c_r(\gamma_r + \mu)}(R_{0,r} - 1) \end{pmatrix} \qquad (2.24)$$

*Preuve.* Un point équilibre vérifie le système d'équations

$$\begin{cases} (\gamma_s + \mu_s)e_s &= 0 \\ c_r a(1 - e_s - e_r - a) - (\gamma_r + \mu_r)e_r &= 0 \\ \gamma_s e_s + \gamma_r e_r - \mu a &= 0 \end{cases}$$

Donc $e_s = 0$. Si une des deux autres variables d'état est nulle on obtient $E_0$ comme point d'équilibre. On se propose de déterminer si le système peut avoir un équilibre $E_2 = (0, e_r^*, a^*)^t$ avec $e_r^* > 0$ et $a^* > 0$. Un tel point d'équilibre vérifie les équations

$$c_r a^*(1 - e_r^* - a^*) = (\gamma_r + \mu_r)e_r^* \qquad (2.25)$$

$$\gamma_r e_r^* - \mu a^* = 0 \qquad (2.26)$$

De l'équation (2.25) on obtient :

$$1 - e_r^* - a^* = \frac{(\gamma_r + \mu_r)}{c_r} \frac{e_r^*}{a^*} \qquad (2.27)$$

De l'équation (2.26) nous obtenons

$$a^* = \frac{\gamma_r}{\mu} e_r^* \qquad (2.28)$$

En remplaçant $a^*$ par cette expression dans l'équation (2.27), on obtient

$$1 - e_r^* \frac{\gamma_r + \mu}{\mu} = \frac{1}{R_{0,r}}$$

Par conséquent,

$$e_r^* = \frac{\mu(R_{0,r} - 1)}{R_{0,r}(\gamma_r + \mu)},$$

En remplaçant $e_r^*$ par cette expression dans l'équation (2.28), on obtient

$$a^* = \frac{\gamma_r(R_{0,r}-1)}{R_{0,r}(\gamma_r+\mu)} = \frac{\mu(\gamma_r+\mu_r)}{c_r(\gamma_r+\mu)}(R_{0,r}-1)$$

On a :

$$e_r^* + a^* = \frac{R_{0,r}-1}{R_{0,r}} < 1.$$

On en déduit que (2.24) est l'équilibre positif du sous–système (2.11).

$\boxdot$

**Remarque 7.**

*Noter que l'équilibre $E_2$ s'obtient tout simplement en remplaçant $c_s$ par 0 dans les formules (2.14) donnant l'équilibre $E_1$, ce qui n'est pas étonnant puisque le système (2.11) s'obstient du système (2.10) en posant $c_s = 0$. Cependant la preuve de la proposition 9 utilise l'hypothèse $c_s > 0$. C'est la raison pour laquelle nous avons donné les détails de la preuve de la proposition 10.*

## 2.4 Simulations numériques

Dans toutes les simulations numériques suivantes, nous considèrons les valeurs des paramètres définies dans le tableau 2.1 (valeurs obtenues après discussons avec les biologistes).

| Définitions | Symboles | Valeurs | Unités |
|---|---|---|---|
| Taux de passage de $e_s$ vers $a$ | $\gamma_s$ | $1/8$ | $mois^{-1}$ |
| Taux de passage de $e_r$ vers $a$ | $\gamma_r$ | $1/6$ | $mois^{-1}$ |
| Durée de vie moyenne des $e_s$ | $1/\mu_s$ | 24 | mois |
| Durée de vie moyenne des $e_r$ | $1/\mu_r$ | 24 | mois |
| Durée de vie moyenne des $a$ | $1/\mu$ | 72 | mois |

TABLE 2.1 – Définitions et valeurs des paramètres pour les simulations.

### 2.4.1 Comportement asymptotique du sous-système actif en d'émergence des jeunes pousses issues de la reproduction sexuée.

($a$) Cas où $R_{0,1} < 1$

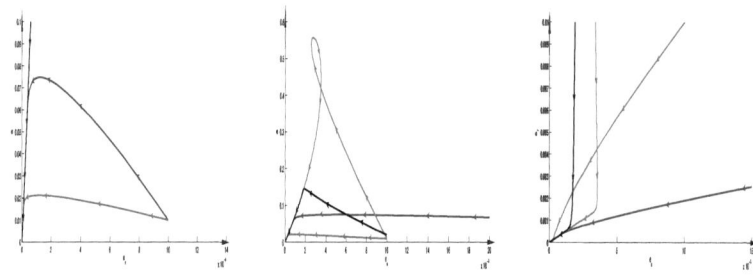

FIGURE 2.5 – Projections du portrait de phase du sous-système autonome (2.10) dans les plans $(e_s, e_r)$, $(e_s, a)$ et $(e_r, a)$ lorsque $R_{0,1} < 1$. Nous illustrons la convergence du sous-système (2.10) vers l'équilibre $E_1$ lorsque $c_1 = 0.002$, $c_2 = 0.001$ et toutes les valeurs des autres paramètres sont définies dans le tableau 2.1.

($b$) Cas où $R_{0,1} > 1$

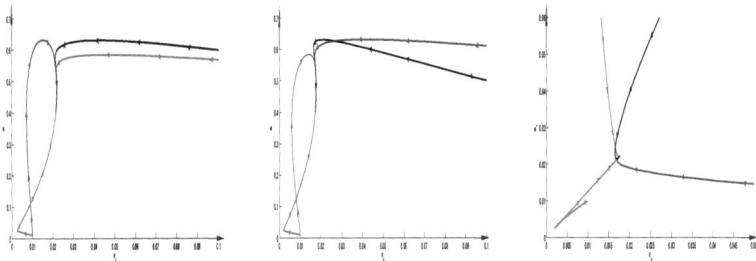

FIGURE 2.6 – Projections du portrait de phase du sous-système autonome (2.10) dans les plans $(e_s, e_r)$, $(e_s, a)$ et $(e_r, a)$ lorsque $R_{0,1} > 1$. Nous illustrons la convergence du sous-système (2.10) vers l'équilibre $E_1$ lorsque $c_1 = 0.2$, $c_2 = 0.1$ et toutes les valeurs des autres paramètres sont définies dans le tableau 2.1.

Ces simulations numériques suggèrent qu'avec certaines valeurs des paramètres telles que $R_{0,1} < 1$, les solutions du sous-système (2.10) convergent vers l'équilibre nul $E_0$. Pour certaines valeurs des paramètres tels que $R_{0,1} > 1$, les solutions du sous-sytème (2.10) convergent vers l'équilibre positif $E_1$. Ceci suggére que si $R_{0,1} < 1$, $E_0$ peut être asymptotiquement stable pour ce sous-système. Par contre, si $R_{0,1} > 1$, $E_1$ peut être globalement asymptotiquement stable.

### 2.4.2 Comportement asymptotique du sous-système actif en absence d'émergence des jeunes pousses issues de la reproduction sexuée.

(a)
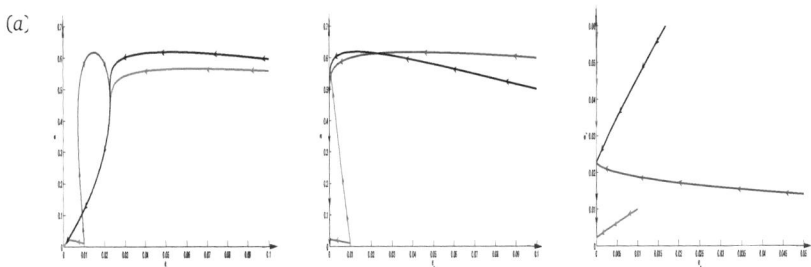

FIGURE 2.7 – Projections du portrait de phase du sous-système autonome (2.11) dans les plans $(e_s, e_r)$, $(e_s, a)$ et $(e_r, a)$ lorsque $R_{0,r} < 1$. Nous illustrons la convergence du sous-système (2.11) vers l'équilibre $E_2$ lorsque $c_2 = 0.001$ et toutes les valeurs des autres paramètres sont dans le tableau 2.1.

(b) Cas où $R_{0,r} > 1$

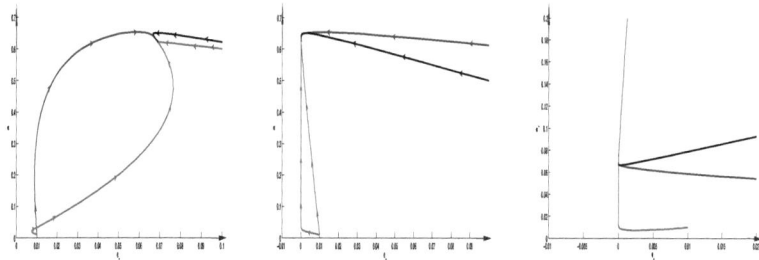

FIGURE 2.8 – Projections du portrait de phase du sous-système autonome (2.11) dans les plans $(e_s, e_r)$, $(e_s, a)$ et $(e_r, a)$ lorsque $R_{0,r} > 1$. Nous illustrons la convergence du sous-système (2.10) vers l'équilibre $E_2$ lorsque $c_2 = 0.1$ et toutes les valeurs des autres paramètres sont dans le tableau 2.1.

Ces simulations numériques montrent qu'avec certaines valeurs des paramètres tels que $R_{0,r} < 1$, les solutions du sous-système (2.11) convergent vers l'équilibre nul $E_0$. Pour certaines valeurs des paramètres tels que $R_{0,r} > 1$, les solutions du sous-sytème (2.11) convergent vers l'équilibre positif $E_2$. Ceci suggère que si $R_{0,r} < 1$, $E_0$ est globalement asymptotiquement stable pour ce sous-système sinon $E_2$ est globalement asymptotiquement stable.

### 2.4.3 Simulations du système à commutation

Pour des raisons de simplicité et sans perdre de généralité, nous supposons dans la suite de cette partie que le taux de reproduction saisonnière $\tilde{c}_s(t)$ est une fonction $T$ périodique définie sur $[0, T]$ par

$$\tilde{c}_s(t) = \begin{cases} c_s, & \text{si } t \in [iT, (i+\alpha)T[, \\ 0, & \text{si } t \in [(i+\alpha)T, (i+1)T], \end{cases} \quad (2.29)$$

où $\alpha T$, $0 \leq \alpha \leq 1$ est la fraction de l'année durant laquelle, la reproduction sexuée s'effectue.

La périodicité de la fonction $\tilde{c}_s(t)$ fournit un modèle à commutation défini par les deux sous-systèmes non linéaires suivants :

$$\begin{cases} \dot{e}_s = c_s a(1-y) - (\gamma_s + \mu_s)e_s, \\ \dot{e}_r = c_r a(1-y) - (\gamma_r + \mu_r)e_r, \\ \dot{a} = \gamma_s e_s + \gamma_r e_r - \mu a, \end{cases}$$

si $iT \leq t < (i+\alpha)T$, pour $i \in \mathbb{N}$ et

$$\begin{cases} \dot{e}_s = -(\gamma_s + \mu_s)e_s, \\ \dot{e}_r = c_r a(1-y) - (\gamma_r + \mu_r)e_r, \\ \dot{a} = \gamma_s e_s + \gamma_r e_r - \mu a, \end{cases}$$

si $(i+\alpha)T \leq t < (i+1)T$.

Nous définissons pour ce système à commutation nous considérons, le taux de reproduction de base moyennisé noté $R_{0,\alpha}$. Ce taux définit la moyenne pondérée de $R_{0,1}$ et $R_{0,r}$ de la manière suivante

$$R_{0,\alpha} = \alpha R_{0,1} + (1-\alpha)R_{0,r}.$$

Les résultats des simulations numériques qui vont suivre suggèrent que ce paramètre gouverne la convergence du système à commutation. Pour montrer cela, nous faisons deux simulations numériques du modèle à commutation.

Dans chaque simulation, nous représentons l'évolution au cours du temps de la population totale $y$ du système à commutation avec la condition initiale $Y_0 = (0.3, 0.4, 0.1)$. Les valeurs des paramètres utilisés pour chacune des simulations sont $c_1 = 0.03$, $c_2 = 0.01$, $T = 12$ et celles dans le tableau 2.1. Dans ce cas, nous avons $R_{0,1} = 2.196 > 1$, $R_{0,r} = 0.576 < 1$.

La seule différence entre les deux simulations est la valeur du paramètre $\alpha$ qui change. Donc, pour chacune des simulations nous obtenons une valeur de $R_{0,\alpha}$.

(a) Cas où $\alpha = \dfrac{3}{4}$ :

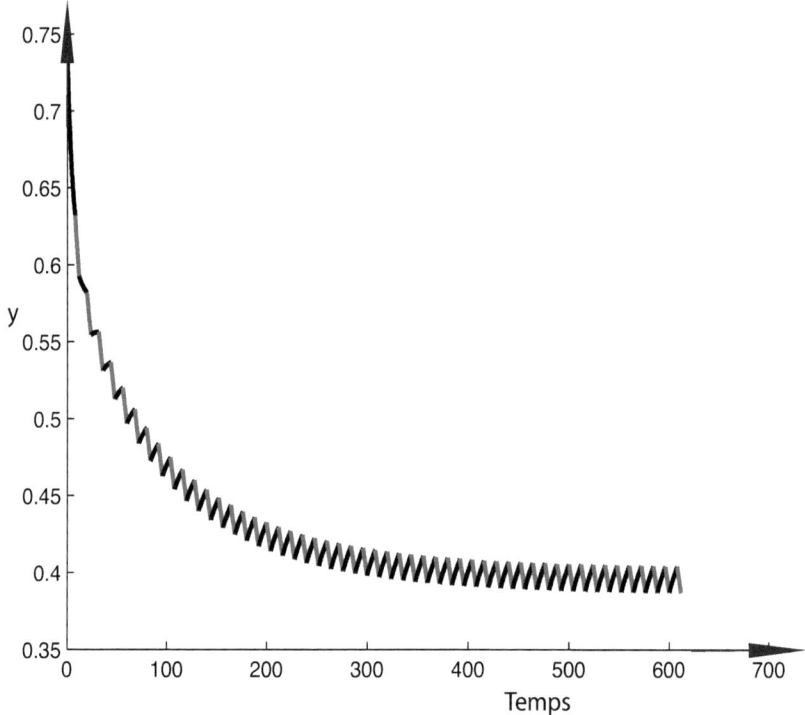

FIGURE 2.9 – Lorsque $\alpha = \frac{3}{4}$, pour les valeurs des paramètres $c_1 = 0.03$, $c_2 = 0.01$, $T = 12$ et celles dans le tableau 2.1 donnant $R_{0,\alpha} = 1.7905 > 1$, le système à commutation (2.8) converge vers un cycle.

(b) Cas où $\alpha = \frac{1}{6}$ :

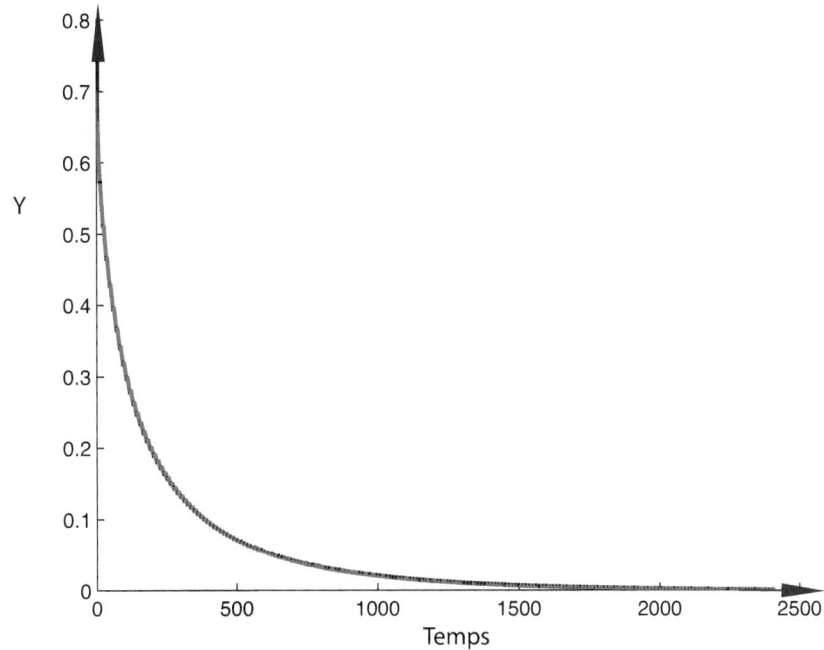

FIGURE 2.10 – $\alpha = \frac{1}{6}$ et $R_{0,\alpha} = 0,846 < 1$. On a une convergence vers l'équilibre nul.

Ainsi, ces deux figures (2.10 et 2.9) montrent que le paramètre $\alpha$ a une influence sur la dynamique du système à commutation. Certaines valeurs de $\alpha$ ou de $R_{0,\alpha}$ engendrent la convergence du système vers $E_0$ ( voir figure 2.10 ) et d'autres vers un cycle limite ( voir figure 2.9).

Plus généralement, lorsque l'on trouve la solution numérique du système à commutation (2.8) sur une longue durée $d = 1500$ mois et l'on représente en fonction de $\alpha T$ ou simplement de $\alpha$ la population totale $y$ ou $e_s$ aux 120 derniers temps (temps suffisamment important pour observer le comportement asymptotique), alors l'on constate qu'il existe un paramètre de bifurcation $\alpha_c$ (voir figure 2.11). En effet, pour les valeurs de $\alpha$ inférieures à $\alpha_c$, $e_s$ et $y$ sont nulles aux 120 derniers temps : les solutions convergent vers l'équilibre nul. Mais, pour les valeurs de $\alpha$ supérieures à $\alpha_c$, la solution atteint un cycle limite puisque pour chacune de ces valeurs de $\alpha$, la variable $y$ (ou $e_s$) prend des valeurs distinctes aux 120 derniers temps et présentées par un trait vertical (voir figure 2.11).

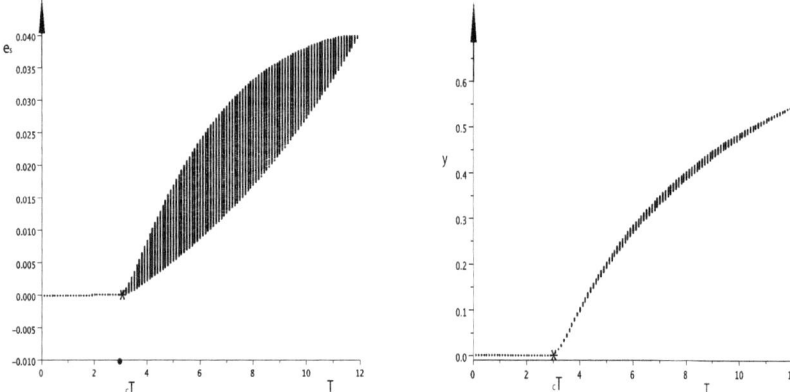

FIGURE 2.11 – Courbes des valeurs asymptotiques de $e_s$ figure $(a)$ et de la population totale $y$ figure (b) des solutions du système à commutation (2.8) en fonction de $\alpha T$ lorsque $c_1 = 0.03$, $c_2 = 0.01$, $T = 12$ et toutes les valeurs des autres paramètres sont dans le tableau 2.1

## Conclusion

Dans ce chapitre, nous avons tout d'abord présenté la biologie du typha et certains de ses aspects écohydrologiques. Par le choix d'informations importantes à savoir le mode de reproduction sexué saisonnière, la multiplication végétative et les contraintes d'espace de développement, nous avons construit un nouveau modèle de la prolifération du Typha dans un cours d'eau. Ce modèle est un système d'équations différentielles à commutation non linéaire de dimension trois qui décrit l'évolution des jeunes pousses issues des deux modes de reproduction du Typha et des adultes capables de se reproduire. La commutation est engendrée par la saisonnalité de la reproduction sexuée. Le modèle est constitué de deux sous-systèmes modélisant la présence et l'absence de la reproduction sexuée. En utilisant les outils mathématiques relatifs à la dynamique des systèmes à commutation rappelés au premier chapitre, nous avons montré que notre modèle est bien posé. Par la suite, nous avons montré que chaque sous-système a un point d'équilibre nul et un second point d'équilibre dont l'existence dépend de la valeur dépassant 1 d'un paramètre seuil : le taux de reproduction de base associé au sous-système. A partir des simulations numériques, la discussion par rapport à 1 de ces paramètres et celui de leur pondération à la durée d'activation des sous-systèmes pendant une période a permis d'orienter l'étude théorique des sous-systèmes et du système à commutation que nous aborderons dans les chapitres à venir. En fait, les résultats des simulations numériques du sous-système modélisant la dynamique de la plante en période d'émergence des jeunes pousses issues de la reproduction sexuée obtenus dans la section 2.4.1 suggèrent que si le taux de reproduction de base de ce sous-système est inférieur à 1, les solutions du sous-système convergent vers l'équilibre nul. Par contre, si ce taux est supérieur à 1, les solutions convergent vers l'équilibre positif $E_1$. De même pour le sous-système modélisant la dynamique de prolifération de la plante en absence d'émergence des jeunes pousses issues de la reproduction sexuée les résultats sont analogues c'est-à-dire : si le taux de reproduction de base de ce sous-système est inférieur à 1, les solutions de ce sous-système convergent vers son équilibre nul. Par contre, si ce taux est supérieur à 1, les solutions convergent vers son équilibre positif $E_2$. Avec le système à commutation, les simulations suggèrent que la convergence des solutions vers l'équilibre nul est gouverné par la moyenne pondérée des taux de reproduction de base des deux sous-système qui composent le modèle. Si ce taux moyen est inférieur à 1 les solutions du système à commutation convergent vers l'équilibre nul. Par contre, si ce taux moyen est supérieur à 1, les solutions vont converger vers un cycle limite.

Dans le prochain chapitre, nous simplifions le modèle en dimension deux pour prouver dans le plan ces conjectures suggérées en dimension trois par des simulations numériques.

# Chapitre 3

# Modèle simplifié de dimension deux

**Contents**

| | |
|---|---|
| 3.1. Modèle simplifié .................................... | 62 |
| 3.2. Stabilité du système dynamique ........................ | 65 |
|     3.2.1. Stabilité du système linéaire ...................... | 65 |
|     3.2.2. Stabilité du système non linéaire .................... | 67 |
|     3.2.3. Approche globale ................................. | 67 |
| 3.3. Étude séparée des sous-systèmes du modèle simplifié ......... | 70 |
|     3.3.1. Sous-système actif en période d'émergence saisonnière ....... | 70 |
|     3.3.2. Sous-système actif en abscence de reproduction sexuée ....... | 75 |
| 3.4. Théorie de Floquet et stabilité du modèle réduit ............ | 76 |
|     3.4.1. Théorie de Floquet ................................ | 76 |
|     3.4.2. Stabilité de la solution nulle du modèle simplifié ........... | 78 |

## Introduction

Le modèle mathématique développé dans le chapitre précédent a été obtenu en subdivisant la population de *Typha* en trois compartiments : (*i*) les jeunes pousses provenant des rhizomes, (*ii*) les jeunes pousses provenant des graines, (*iii*) les Thypa adultes capables d'observer au moins une des deux types de reproduction. Le modèle simplifié que nous présentons dans ce chapitre est obtenu en subdivisant la population de Typha en deux compartiments : (*i*) celui des adultes et (*ii*) celui des jeunes pousses. En effet, ce modèle décrit bien la différence des types d'émergence des jeunes pousse pousses provenant des rhizomes et des graines sans faire une distinction entre leur développement et considère que les jeunes pousses grandissent de la même manière.

On s'intéresse à ce modèle simplifié dans le but d'avoir une meilleure compréhension de la dynamique de prolifération de la plante avant d'aborder l'étude du modèle de dimension trois.

Nous commençons d'abord par une présentation du modèle simplifié puis nous donnons les outils mathématiques nécessaires pour aborder l'étude séparée de la stabilité des sous-systèmes qui composent le système à commutation.

Pour l'étude du système à commutation, nous énonçons dans la première partie la théorie de Floquet des systèmes linéaires à coefficient périodiques. Ensuite, pour montrer la stabilité de l'équilibre nul, nous appliquons cette théorie au modèle simplifié dans le cas où les commutations sont périodiques.

## 3.1 Modèle simplifié

Dans cette section, nous construisons un modèle simplifié de dimension deux décrivant la dynamique de la prolifération du typha. Dans l'élaboration de ce modèle nous faisons l'hypothèse que les jeunes pousses ont les mêmes paramètres de transmission et de mortalité. Ainsi, puisqu'ils développement de la manière et suivant les mêmes conditions on considère, deux compartiments : (*i*) le compartiment des adultes et (*ii*) celui des jeunes pousses. Nous considérons toujours $\Theta$ une zone admissible de développement du typha au voisinage d'un ouvrage hydraulique. Soit $K$ la capacité de charge dans cette zone. Pour un temps $t$ fixé, soient $E(t)$ le nombre de jeunes pousses, $A(t)$ le nombre de plantes adultes capables de se reproduire et $X(t) = E(t) + A(t)$ le nombre total de plantes dans $\Theta$.

Par le même procédé de modélisation que celui utilisé dans le chapitre 2 , nous obtenons le système d'équations différentielles ordinaires suivant :

$$\begin{cases} \dot{e} = c(t)a(1-e-a) - (\gamma + \mu_e)e \\ \dot{a} = \gamma e - \mu_a a \end{cases} \quad (3.1)$$

où la fonction $c_s(t)$ est définie par

$$c(t) = \begin{cases} c_s + c_r, & \text{si } t \in [0, \alpha_i T[, \\ c_r, & \text{si } t \in [\alpha_i T, T], \end{cases} \quad (3.2)$$

où $\alpha_i T$, $0 \leq \alpha_i \leq 1$ ($i \in \mathbb{N}$) est la fraction de l'année $i$ durant laquelle la reproduction sexuée s'effectue.

Le système non autonome (3.1) est obtenu en commutant les sous-systèmes suivants.

Pour $k \in \mathbb{N}$,

si $kT \leq t < (k + \alpha_i)T$,

$$S_1 = \begin{cases} \dot{e} = a(c_s + c_r)(1-e-a) - (\gamma + \mu_e)e \\ \dot{a} = \gamma e - \mu_a a \end{cases} \quad (3.3)$$

et si $(k + \alpha_i)T \leq t < (k+1)T$

$$S_2 = \begin{cases} \dot{e} = ac_r(1-e-a) - (\gamma + \mu_e)e \\ \dot{a} = \gamma e - \mu_a a. \end{cases} \quad (3.4)$$

En posant $c = c_s + c_r$, les paramètres $R_{0,1}$ et $R_{0,2}$ définient pour le modèle de dimension trois s'écrivent

$$R_{0,1} = \frac{c\gamma}{\mu_a(\gamma + \mu_e)} \quad \text{et} \quad R_{0,2} = \frac{c_r \gamma}{\mu_a(\gamma + \mu_e)}. \quad (3.5)$$

Ces paramètres déterminent la propriété d'existence des états d'équilibre des sous-systèmes (3.3) et (3.4) et s'obtiennent à partir du calcul des équilibres. Ces résultats sont contenus dans les propositions 11 et 12.

**Proposition 11.** *Le sous-système (3.3) admet l'équilibre trivial $E_0 = (0,0)$. Si $R_{0,1} > 1$ le système* *admet un second équilibre, celui non trivial* $E_1$

$$E_1 = \left( \frac{\mu_a(R_{0,1} - 1)}{R_{0,1}(\gamma + \mu_a)}, \frac{\gamma(R_{0,1} - 1)}{R_{0,1}(\gamma + \mu_a)} \right)$$

*Preuve* On veut résoudre le système d'équations

$$ac(1 - e - a) = (\gamma + \mu_e)e \tag{3.6}$$
$$\gamma e - \mu_a a = 0 \tag{3.7}$$

Notons que $e = a = 0$ est une solution particulière. Donc $E_0 = (0,0)$ est un équilibre.

Par ailleurs

- si $a = 0$ alors l'équation (3.6) implique que $e = 0$.
- si $e = 0$ alors l'équation (3.7) implique $a = 0$.

On se propose de déterminer l'équilibre $E_1 = (e^*, a^*)$ avec $e^* > 0$ et $a^* > 0$.

Notons que si une solution pour laquelle $e^* \neq 0$ et $a^* \neq 0$ existe alors elle doit vérifier

$$1 - e^* - a^* \neq 0.$$

De l'équation (3.7) on déduit

$$e^* = \frac{\mu_a}{\gamma} a^*.$$

Remplaçons $e^*$ par son expression dans (3.6).

On obtient l'expression de $a^*$ suivante.

$$a^* = \frac{c\gamma - (\gamma + \mu_e)\mu_a}{c(\gamma + \mu_e)},$$

$a^*$ existe si et seulment si $c\gamma - (\gamma + \mu_e)\mu_a > 0$.

D'où $a^*$ existe si et seulement si $R_{0,1} > 1$. Finalement, on obtient l'expression de $a^*$ en fonction de $R_{0,1}$

$$a^* = \frac{\gamma(R_{0,1} - 1)}{R_{0,1}(\gamma + \mu_a)}$$

et on déduit l'expression de $e^*$

$$e^* = \frac{\mu_a(R_{0,1} - 1)}{R_{0,1}(\gamma + \mu_a)}.$$

$\Xi$

Pour le sous-système (3.4), nous avons le résultat ci-dessous :

**Proposition 12.** *Le sous-système (3.4) admet l'équilibre trivial $E_0 = (0,0)$. Si $R_{0,2} > 1$, le système admet un second équilibre, l'équilibre non trivial $E_2$*

$$E_2 = \left( \frac{\gamma}{R_{0,2}(\gamma + \mu_a)}(R_{0,2} - 1), \frac{\mu_a}{R_{0,2}(\gamma + \mu_a)}(R_{0,2} - 1) \right).$$

## 3.2 Stabilité du système dynamique

Soient X un ouvert de $\mathbb{R}^2$, $x_0 \in X$ fixé et $f_i, i \in \{1,2\}$ une application de $\mathbb{R}^2$ dans $\mathbb{R}$. Soit $f$ un champ de vecteurs sur X défini par

$$\begin{aligned} f: X &\longrightarrow \mathbb{R}^2 \\ x &\longrightarrow (f_1(x), f_2(x)) \end{aligned}$$

Considérons le système différentiel autonome suivant :

$$\begin{cases} \dot{x} &= f(x), \quad x \in X \\ x(0) &= x_0 \end{cases} \tag{3.8}$$

On suppose que $x_e = (0,0)$ est un point d'équilibre du système (3.8). L'étude de la stabilité du point $x_e$ dépend de la nature du système. Elle est simple lorsque $f$ est une application linéaire et complexe lorsque $f$ est non linéaire. Nous présentons, consécutivement, quelques outils mathématiques généraux qui permettent d'explorer l'approche qualitative d'un système dynamique, selon la linéarité ou non de $f$.

### 3.2.1 Stabilité du système linéaire

On suppose que $f(x) = Ax$ où $A$ est une matrice carrée de dimension 2, à coefficients réels. Dans ce cas, le système (3.8) devient

$$\begin{cases} \dot{x} &= Ax \\ x(0) &= x_0 \end{cases} \tag{3.9}$$

L'étude de la stabilité de ce système linéaire peut être établie à partir de la nature des valeurs propres de la matrice $A$.

Les valeurs propres de $A$ sont solutions de l'équation caractéristique :

$$\lambda^2 - tr(A)\lambda + det(A) = 0$$

avec $tr(A) = \lambda_1 + \lambda_2$ et $det(A) = \lambda_1 \lambda_2$

La nature des valeurs propres dépend du signe du discriminant $\Delta = (tr(A))^2 - 4det(A)$. Dans le plan muni des axes classiques $i$ et $j$, représentons sur l'axe $i$ la trace de $A$ et sur l'axe $j$ le déterminant de $A$. L'équation $\Delta = 0$ est celle d'une parabole passant par l'origine :

$$det(A) = \frac{1}{4}(tr(A))^2$$

Cette parabole divise le plan en deux grandes régions : au dessus de la parabole ($\Delta < 0$), on trouve les portraits de phase des foyers et des centres ; en dessous ($\Delta > 0$), on trouve les noeuds et les points selle. Cela est résumé dans la figure 3.1.

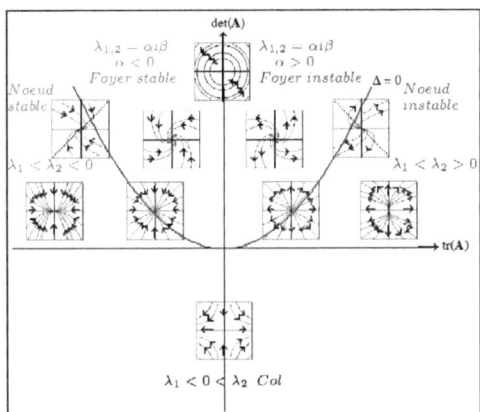

FIGURE 3.1 – Résumé des différents portraits de phase possibles du système $\dot{x} = Ax$, en fonction du signe de la trace et du déterminant de la matrice $A$.

a) Cas $\Delta = 0$

On a alors $\lambda_1 = \lambda_2 = \lambda_0$, c'est-à-dire $det(A) = \lambda_0^2 > 0$ et $tr(A) = 2\lambda_0$. Par conséquent, si la trace est positive ($\lambda_0 > 0$), on a une étoile ou un noeud dégénéré instable ; si la trace est négative ($\lambda_0 < 0$), on a une étoile ou un noeud dégénéré stable.

**b) Cas $\Delta > 0$**

On a alors deux valeurs propres réelles distinctes. On est dans la région sous la parabole qui peut encore être partagée en trois zones :

(1) $det(A) < 0$ : $\lambda_1$ et $\lambda_2$ sont de signes opposés, l'origine est un point selle ;

(2) $det(A) > 0$ et $tr(A) > 0$ : $\lambda_1, \lambda_2 > 0$, l'origine est un noeud instable ;

(3) $det(A) > 0$ et $tr(A) < 0$ : $\lambda_1, \lambda_2 < 0$, l'origine est un noeud stable.

**c) Cas $\Delta < 0$**

On a alors deux valeurs propres complexes conjuguées, $\lambda_{1,2} = \alpha i \beta$, c'est–à–dire $det(A) = \alpha^2 + \beta^2 > 0$ et $tr(A) = 2\alpha$. On est dans la région au dessus de la parabole, qui se partage là encore en trois zones distinctes :

(1) $tr(A) < 0$ : la partie réelle des valeurs propres est négative, l'origine est un foyer stable ;

(2) $tr(A) > 0$ : la partie réelle des valeurs propres est positive, l'origine est un foyer instable ;

(3) $tr(A) = 0$ : la partie réelle des valeurs propres est nulle, l'origine est un centre.

En résumé, la zone où le point d'équilibre est asymptotiquement stable, est celle correspondant à : $det(A) > 0$ et $tr(A) < 0$.

Dans le cas particulier où $det(A) > 0$ et $tr(A) = 0$, l'origine est un centre.

Ces résultats seront utilisés dans la Proposition 13 pour démontrer ceux sur la stabilité des équilibres du système réduit.

### 3.2.2 Stabilité du système non linéaire

### 3.2.3 Approche globale

**Variétés invariantes**

L'objectif de cette partie est d'introduire la notion de variété énoncée dans le théorème de Butler-McGehee : il s'agit principalement d'espace topologique sur lequel on dispose de fonctions différentiables. Les notions que nous énonçons dans cette partie sont en dimension $n \geq 2$.

**Définition 33.**

*Étant donne un système linéaire $\dot{x} = Ax$ dans $\mathbb{R}^n$, on considère les valeurs propres $\lambda$ de la matrice $A$, qui sont complexes et non distinctes en général, et les sous espaces vectoriels carractéristiques associés*

$E_\lambda$. On définit

$$\text{le sous espace stable} \quad E^s = \oplus_{Re\lambda<0} E_\lambda,$$

$$\text{le sous espace instable} \quad E^u = \oplus_{Re\lambda>0} E_\lambda,$$

$$\text{le sous espace central} \quad E^c = \oplus_{Re\lambda=0} E_\lambda.$$

Il est bien connu que

$$E^s \oplus E^u \oplus E^c = \mathbb{R}^n$$

et que

$$w \in E^s \implies \lim_{t \to +\infty} e^{tA} w = 0 \; et \; w \in E^s \implies \lim_{t \to -\infty} e^{tA} w = 0.$$

Par consequent, toutes les solutions issues de conditions initiales dans le sous espace stable sont attirées vers l'origine tandis que celles issues de conditions initiales dans le sous espace instable sont repoussées par l'origine. En particulier, lorsque $E^s = \mathbb{R}^n$ toutes les solutions tendent vers l'origine qui est appelée un puits, et lorsque $E^u = \mathbb{R}^n$ toutes les solutions proviennent de l'origine qui est appelée une source. Si ni $E^s$, ni $E^u$ n'est réduit à $\{0\}$, et que $E^c = \{0\}$ l'origine est appelée un point selle.

Considérons maintenant un système

$$\dot{x} = f(x) \tag{3.10}$$

sur X. On suppose que la fonction $f$ est différentiable (de classe $\mathcal{C}^1$) sur X. Soient $x_e$ un point d'équilibre (ainsi, $f(x_e) = 0$) et le linéarisé du système au point $x_e$ défini par

$$\dot{x} = Ax, \quad \text{avec } A = \frac{\partial f}{\partial x}(x_e) = \left(\frac{\partial f_i}{\partial x_i}(x_e)\right). \tag{3.11}$$

La variété stable $W^s$ d'un point d'équilibre $x_e$ du système $\dot{x} = f(x)$ est une variété différentiable qui est tangente au sous-espace stable $E^s$ du linéarisé 3.11 en $x_e$ et telle que toutes les solutions issues de $W^s$ tendent vers $x_e$ quand $t \to +\infty$. De même, la variété instable $W^u$ du point d'équilibre $x_e$ est une variété différentiable qui est tangente au sous-espace instable $E^u$ et telle que toutes les solutions issues de $W^s$ tendent vers $x_e$ quand $t \to -\infty$. Quant à la variété centrale $W^c$, elle est tangente au sous-espace central $E^c$. Le comportement asymptotique des orbites contenues dans la variété centrale n'est pas déterminé par le linéarisé du système en $x_e$.

Il y a unicité des variétés stable $W^s$ et instable $W^u$. Par contre, il y a une infinité de variétés centrales. Elles sont exposées dans [4].

**Théorème 9 (Théorème de la variété centrale).**

*Soit un système admettant l'origine comme point d'équilibre. Soient $E^s, E^u et E^c$ les sous-espaces stable, instable et central du linéarisé du système en 0. Alors le système admet des variétés invariantes $W^s, W^u$ et $W^c$ passant par le point 0 et tangentes respectivement aux sous–espaces $E^s, E^u$ et $E^c$. Les solutions issues de $W^s$ (resp. $W^u$) tendent exponentiellement vers 0 quand $t \to +\infty$ (resp. $t \to -\infty$). Le comportement des solutions dans la variété $W^c$ est déterminé par les termes non linéaires.*

Ce théorème nous permet de localiser la variété stable $W^s$ utilisée dans la preuve du Lemme 3.

**Théorème 10 (Poincaré–Bendixson).**

*On suppose que le système n'a que des points singuliers isolés. Si une orbite est positivement bornée alors son ensemble $\omega$–limite est soit un point singulier, soit un cycle, soit une réunion de points singuliers et de courbes homoclines ou hétéroclines.*

Ce théorème admet un corollaire qui est souvent utilisé pour montrer l'existence d'orbites périodiques.

L'existence de cycles (et même d'orbites homoclines) est garantie par le critère de Dulac–Bendixson.

**Théorème 11 (Critère de Dulac–Bendixson).**

*Considérons le système $\dot{x} = f(x)$ dans le plan. Si $div f = \dfrac{\partial f_1}{\partial x_1} + \dfrac{\partial f_2}{\partial x_2}$ ne s'annule pas dans une région $\Omega$ du plan alors $\Omega$ ne contient ni orbite périodique, ni orbite homocline.*

Comme corollaire du Théorème 11 on a le résultat suivant :

**Corollaire 3.**

*S'il existe une fonction positive $B$ sur $\Omega$ telle que $div(Bf)$ garde un signe constant sur $\Omega$, alors le système $\dot{x} = f(x)$ n'a pas de cycles dans $\omega$.*

En effet, $f$ et $Bf$ ont les mêmes orbites. Une telle fonction $B$ est appelée une fonction de Dulac.

Le Théorème 11 sera utilisé dans la preuve de la Proposition 16.

**Théorème 12 (Butler–McGehee).**

*Supposons que $E$ soit un point d'équilibre hyperbolique appartenant à l'ensemble $\omega$–limite $\omega(x)$. Supposons de plus que $\omega(x)$ ne soit pas réduit à $E$. Alors, $\omega(x)$ a une intersection non triviale avec les sous espaces stables et instables de $E$.*

Ce théorème nous sera utile pour l'étude de la stabilité globale de l'équilibre positif des sous–systèmes du modèle réduit de dimension 2.

## 3.3 Étude séparée des sous-systèmes du modèle simplifié

### 3.3.1 Sous-système actif en période d'émergence saisonnière

Dans cette section, nous nous intéresserons au comportement asymptotique du sous–système 3.3. L'objectif est de montrer que $E_1$ est globalement asymptotiquement stable s'il existe. Pour démontrer ce résultat, nous utilisons le théorème de Poincaré-Bendixson et le théorème de Butler-Mcgehee. Pour cela, nous montrons que les hypothèses de ces théorèmes sont satisfaites. Notamment, dans le cas du théorème de Butler-Mcgehee nous montrons que (i) $E_0$ est hyperbolique et instable, puis (ii) $E_1$ est localement stable, et (iii) la variété espace $W^s$ de $E_0$ se trouve à l'extérieur de $\Omega$.

**Proposition 13.**

(a) Si $R_{0,1} > 1$, le point d'équilibre $E_0 = (0,0)$ est hyperbolique et instable.

(b) Si l'hypothèse $R_{0,1} < 1$ est vérifiée (le point d'équilibre non trivial n'existe pas), alors $E_0$ est globalement asymptotiquement stable.

*Preuve.*

(a) **Instabilité de $E_0$.**

L'instabilité de l'équilibre $E_0$ est donnée par la matrice jacobienne du système (3.3) évaluée en ce point, $D_f(E_0)$. Nous avons :

$$D_f(E_0) = \begin{pmatrix} \dfrac{\partial f_1}{\partial e}(E_0) & \dfrac{\partial f_1}{\partial a}(E_0) \\ \dfrac{\partial f_2}{\partial e}(E_0) & \dfrac{\partial f_2}{\partial a}(E_0) \end{pmatrix} = \begin{pmatrix} -(\gamma + \mu_e) & c \\ \gamma & -\mu_a \end{pmatrix}$$

$$\operatorname{tr}(D_f(E_0)) = -(\gamma + \mu_e) - \mu_a < 0.$$

Avec l'hypothèse $R_{0,1} > 1$, on obtient :

$$\det(D_f(E_0)) = \mu_a(\gamma + \mu_e) - c\gamma = \mu_a(\gamma + \mu_e)(1 - R_{0,1}) < 0.$$

Ainsi, la matrice $D_f(E_0)$ a une valeur propre négative et une autre positive (point col), donc l'équilibre $E_0$ est instable. De plus, n'ayant aucune valeur propre nulle, le point d'équilibre est hyperbolique.

(b) **Stabilité globale de** $E_0$.

Pour démontrer cette propriété, on utilise le critère de Bendixson et le théorème de Poincaré-Bendixson.

Nous avons vu que les trajectoires sont bornées. La divergence du champs de vecteurs est

$$-ce - (\gamma + \mu_e) - \mu_a < 0.$$

Donc d'après le théorème 11 toute trajectoire converge vers un point d'équilibre.

Or nous avons vu que si $R_{0,1} < 1$, $E_0$ est l'unique point d'équilibre.

En conclusion, toutes les trajectoires convergent vers $E_0$.

$\boxminus$

**Proposition 14.**

*Si l'hypothèse $R_{0,1} > 1$ est vérifiée, le point d'équilibre positif $E_1$ est localement asymptotiquement stable.*

*Preuve.*

La stabilité locale de l'équilibre $E_1$ est donnée par la matrice jacobienne du système (3.3) évaluée en ce point, $D_f(E_1)$. Nous avons :

$$D_f(E_1) = \begin{pmatrix} \dfrac{\partial f_1}{\partial e}(E_1) & \dfrac{\partial f_1}{\partial a}(E_1) \\ \dfrac{\partial f_2}{\partial e}(E_1) & \dfrac{\partial f_2}{\partial a}(E_1) \end{pmatrix} = \begin{pmatrix} -ca^* - (\gamma + \mu_e) & c(1 - e_e^* - 2a^*) \\ \gamma & -\mu_a \end{pmatrix}$$

$$\operatorname{tr}(D_f(E_1)) = -ca^* - (\gamma + \mu_e) - \mu_a < 0,$$

$$\det(D_f(E_1)) = ca^*\mu_a + \mu_a(\gamma + \mu_a) - c\gamma(1 - e^* - 2a^*).$$

En remplaçant $e^*$ et $a^*$ par leurs expressions on obtient

$$\det(D_f(E_1)) = \frac{2c\gamma(R_{0,1}-1)(\gamma+\mu_a)}{R_{0,1}(\gamma+\mu_a)} + \frac{R_{0,1}\mu_a(R_{0,1}-1)(\gamma+\mu_a)(\gamma+\mu_e)}{R_0(\gamma+\mu_a)}.$$

Avec l'hypothèse $R_{0,1} > 1$ on déduit que le déterminant est positif. La trace de $D_f(E_1)$ étant négative et le déterminant de $D_f(E_1)$ étant positive, la matrice $D_f(E_1)$ a deux valeurs propres de partie réelle négatives, donc l'équilibre $E_1$ est localement asymptotiquement stable.

$\boxdot$

**Proposition 15.**
*Le sous–espace instable $E^u$ de $E_0$ du système linéarisé traverse le domaine $\Omega$. L'intersection entre le sous-espace stable $E^s$ du système linéarisé et le domaine $\Omega$ est réduite à $\{e = 0$ et $a = 0\}$.*

*Preuve.*

(a) Cherchons alors le sous–espace instable de $E_0$. Pour cela, nous calculons le vecteur propre $v_u = (v_1, v_2)^t$ associé à la valeur propre positive

$$a_1 = \frac{\left((\mu_a-\gamma-\mu_e)^2 + 4c\gamma\right)^{\frac{1}{2}} - \mu_a - \gamma - \mu_e}{2}$$

défini tel que :

$$J_{E_0} v_u = a_1 v_u.$$

On obtient :

$$v_u = \begin{pmatrix} 1 \\ \dfrac{\gamma}{a_1} \end{pmatrix}.$$

Étant en $E_0$, le sous-espace engendré par $v_u$ traverse bien le domaine $\Omega$ : les coordonnées sont positives.

(b) Calculons le vecteur propre $v_s$ associé à la valeur propre négative :

$$a_2 = -\frac{\left((\mu_a-\gamma-\mu_e)^2 + 4c\gamma\right)^{\frac{1}{2}} + \mu_a + \gamma + \mu_e}{2}.$$

Les calculs sont les mêmes que pour le point précédent. Le vecteur propre associé à $a_2$ est :

$$v_s = \begin{pmatrix} 1 \\ \dfrac{\gamma}{a_2} \end{pmatrix}.$$

La deuxième coordonnée est strictement négative. L'intersection entre le sous–espace stable de $E_0$ du système linéarisé et le domaine $\Omega$ est bien le point $E_0$. Ainsi, le sous-espace stable $E^s$ de $E_0$ est à l'extérieur du domaine autour de ce point.

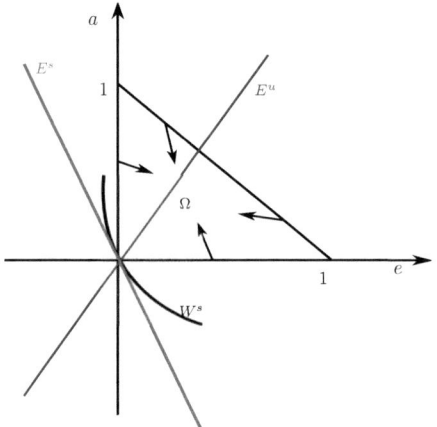

FIGURE 3.2 – Variétés stable et instable dans le plan

$\boxdot$

**Remarque 8.**
*La variété stable $W^s$ relatif au système non linéaire est de même dimension que $E^s$. Il est aussi tangent au sous-espace stable $E^s$ en $E_0$. Il en va de même de la variété instable $W^u$ par rapport au sous-espace instable $E^u$ de $E_0$ du linéarisé.*

**Proposition 16.**
*Si $R_{0,1} > 1$ l'équilibre $E_1$ du système (3.3) est globalement asymptotiquement stable dans $\Omega \setminus \{E_0\}$*

Commençons par montrer le lemme ci dessous.

**Lemme 3.**
*Le sous-ensemble $W^s(E_0) \setminus \{E_0\}$ est inclus dans $\mathbb{R}^2 \setminus \Omega$. Pour tout point $m \in \overset{\circ}{\Omega}$, $\omega(m) \neq \{E_0\}$.*

*Preuve du lemme.*

Supposons qu'il existe un point $m$ appartenant à $\Omega$, l'orbite positive $\gamma^+(m)$ est incluse dans $\omega$ puisqu'il est positivement invariant.

$m$ appartient à $W^s(E_0)$ implique que $\gamma^+(m)$ est incluse $W^s(E_0)$. Ce qui est absurde car $W^s$ est tangente à $E^s$ qui est à l'extérieur de $\Omega$.

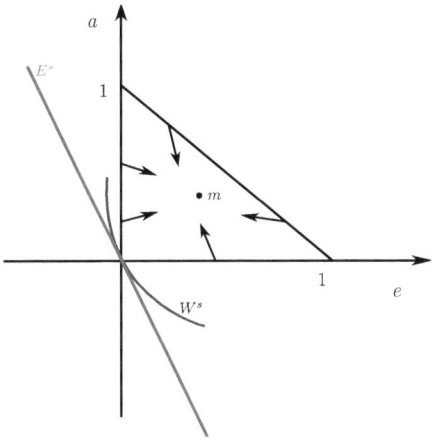

FIGURE 3.3 – **Non** atteignabilité de $E_0$ pour une condition initiale $m \in \overset{\circ}{\Omega}$

$\Xi$

Pour démontrer que le sous-système (3.3) tend vers l'équilibre positif $E_1$, notre approche consiste en deux points :

(a) appliquer le théorème de Poincaré-Bendixson : éliminer la possible existence d'un cycle limite, prouver que seul le point d'équilibre non trivial peut appartenir à l'ensemble $\omega$-limite d'une condition initiale à l'intérieur du domaine $\Omega$ et enfin éliminer la possibilité de chaînes d'équilibres ou d'orbites homoclines ;

(b) conclure sur la stabilité globale du point non trivial sur l'intérieur du domaine.

**Preuve de la proposition 16**

Soit $m_0 = (e(0), a(0)) \in \Omega$. Comme $\Omega$ est positivement invariant, l'orbite $\gamma(m_0)$ est positivement bornée.

D'après le théorème de Poincaré–Bendixson, l'ensemble $\omega$-limite de $m_0$ contient soit (*i*) un point d'équilibre, soit (*ii*) une orbite fermée, soit (*iii*) un point d'équilibre et une orbite homocline de ce point ou une chaîne de points d'équilibre.

(*1*) : **Démontrons qu'il n'y a pas d'orbite périodique c'est-à-dire que (ii) n'est pas vérifié.**

L'étude du signe de la divergence du système permet de conclure :

$$\text{div} f = -ca - (\gamma + \mu_e) - \mu_a < 0.$$

Comme la divergence du système est négative et ne change pas de signe dans le domaine $\Omega$, on peut conclure, en utilisant le critère de Dulac qu'il n'y a pas d'orbite périodique pour ce système.

(*2*) : **Démontrons qu'il n'y a pas de chaîne de points d'équilibre ou d'orbite homocline c'est-à-dire que (iii) n'est pas vérifié.**

Le système n'admet que deux équilibres $E_0$ et $E_1$. D'après le Lemme 3, $w(m) \neq \{E_0\}$. Comme $E_0$ est hyperbolique (Proposition 13) d'après le théorème de Butler-McGehee, il existe $z \neq E_0$ tel que $z \in w(m)$, ce qui est absurde car $w(m) \subset \Omega$.

Donc $E_0$ ne peut pas être dans un ensemble $\omega$-limite d'une condition initiale à l'intérieur du domaine $\Omega$. Ainsi, il n'existe pas de chaîne de points d'équilibre.

$E_0$ n'a pas d'orbite homocline car étant un col. $E_1$ étant localement asymptotiquement stable (proposition 14), il ne peut pas avoir d'orbite homocline.

(*3*) **Conclusion : On est dans le cas (i).** Par conséquent, $w(m) = \{E_1\}$ car il ne peut pas être égal à $\{E_0\}$, Lemme 3.

Ainsi, l'ensemble $\omega$-limite de $(e(0), a(0))$ est réduit à l'équilibre non trivial. Nous avons montré que l'équilibre non trivial est attractif, et comme il est localement stable, on peut conclure qu'il est globalement asymptotiquement stable dans l'intérieur de $\Omega$.

$\Xi$

### 3.3.2 Sous-système actif en abscence de reproduction sexuée

L'étude de ce sous-système est similaire à celle du sous-système précédent, il suffit de remplacer $c = c_s + c_r$ par $c_r$. Ainsi, nous avons le corollaire suivant.

**Corollaire 4.**

*Si $R_{0,2} \leq 1$, alors l'equilibre nul $E_0$ du sous-système (3.4) est globalement asymptotiquement stable. Sinon, $E_0$ est instable et l'équilibre positif $E_1$ est globalement asymptotiquement stable.*

## 3.4 Théorie de Floquet et stabilité du modèle réduit

De nombreux systèmes écologiques et biologiques sont régis par une variabilité périodique. Nous décrivons et utilisons un outil mathématique qui a rarement été utilisé dans la littérature écologique et en biomathématiques : la théorie de Floquet. Elle porte sur l'étude de la stabilité des systèmes linéaires périodiques en temps. Les exposants de Floquet sont analogues aux valeurs propres des matrices jacobiennes des points d'équilibre. Elle consiste ainsi, à étudier les valeurs propres de la matrice de monodromie. Pour que la solution périodique soit stable, le rayon spectral de cette matrice doit être inférieur à 1. Dans cette section, pour une période fixée nous dédermino ns numériquement les valeurs de $\alpha$ pour que la solution triviale du système à commuation soit stable si cette stabilité est possible.

### 3.4.1 Théorie de Floquet

Soient $A(t)$ est une matrice périodique de période $T$ et le système linéaire suivant :

$$\dot{x} = A(t)x. \tag{3.12}$$

On note $\Phi(t)$ la matrice fondamentale solution de

$$\begin{cases} \dfrac{d\Phi(t)}{dt} &= A(t)\Phi(t) \\ \Phi(0) &= I \end{cases}$$

La matrice $\Phi(T)$ est dénommée la « matrice de monodromie » de la solution périodique et ses valeurs propres sont les « exposants caractéristiques ».
La solution $x(t)$ du système (3.12) telle que $x(0) = x_0$ est donnée par

$$x(t) = \Phi(t).x_0$$

**Théorème 13.** *La solution fondamentale $\Phi(t)$ est sous la forme*

$$\Phi(t) = Q(t)\exp(tB)$$

*où la matrice $Q(t)$ est $T$-périodique, et la matrice $B$ est constante.*

*Preuve*

Comme $A(t)$ est $T$-périodique, la matrice $t \longmapsto \Phi(t+T)$ est aussi solution de l'équation matricielle. Ceci implique qu'il existe une matrice constante inversible $C$ telle que

$$\Phi(t+T) = \Phi(t)C. \tag{3.13}$$

Deplus si $\Phi(0) = I$ alors, $C = \Phi(T)$. Comme $\Phi(T)$ est inversible alors, son spectre ne contient pas 0 et il existe donc une matrice constante $B$ telle que $C = \exp(TB)$.
Posons $Q(t) = \Phi(t)\exp(-tB)$ alors,

$$\begin{aligned} Q(t+T) &= \Phi(t+T)\exp(-(t+T)B) \\ &= \Phi(t)\exp(tB)\exp(-(t+T)B) \\ &= \Phi(t)\exp(-tB) \\ &= Q(t) \end{aligned}$$

et $Q(t)$ est périodique de période $T$. Les valeurs propres $\rho_i$ de la matrice de monodromie sont les multiplicateurs caractéristiques de $C$.

Chaque nombre complexe $s_i$ tel que

$$\rho_i = \exp(s_i T) \tag{3.14}$$

est appelé exposant caractéristique.

La relation

$$\Phi(t+T) = C\Phi(t) \tag{3.15}$$

implique que le comportement de la matrice fondamentale $\Phi(t)$ dépend de la forme de sa matrice monodrome. C'est en analysant les multiplicateurs ou exposants caractéristiques de cette dernière que l'on déterminera la stabilité des solutions. Le théorème de Lyapunov exprime mathématiquement cette stabilité. Ainsi, nous avons le théorème suivant :

**Théorème 14.** *Soit $\Phi(t) = Q(t)\exp(tB)$ une décomposition de Floquet. $x(t) = \Phi(t)x_0$ est une solution du système (3.12) si et seulement si $k(t) = Q^{-1}(t)x(t)$ est solution du système*

$$\dot{k}(t) = Bk(t), \quad k(t_0) = x_0. \tag{3.16}$$

*Preuve*

Supposons que $x(t)$ est une solution de (3.12). Alors, $x(t) = \Phi(t)x_0 = Q(t)\exp(tB)x_0$. Nous avons $k(t) = Q^{-1}(t)x(t)$ et en remplaçant $x(t)$ par son expression dans $k(t)$ on obtient

$$k(t) = Q^{-1}Q(t)\exp(tB)x_0 = \exp(tB)x_0.$$

Donc, $k(t)$ est solution du système (3.16).

Supposons que $k(t) = Q^{-1}(t)x(t)$ est solution du système (3.16). Alors, $k(t) = \exp(tB)x_0$. Comme $x(t) = Q(t)k(t)$ nous avons $x(t) = Q(t)\exp(tB)x_0 = \Phi(t)x_0$. Donc, $x(t)$ est solution du système (3.12).

**Théorème 15.** .

*(1)* Si $|\rho_i| < 1$ pour tous les $i$, alors la solution fondamentale est asymptotiquement stable.

*(2)* S'il existe un indice $i$ tel que $|\rho_i| > 1$, alors la solution fondamentale est asymptotiquement instable.

### 3.4.2 Stabilité de la solution nulle du modèle simplifié

Considérons notre système à commutation simplifié de dimension deux. Ce système est vu dans cette section comme un système non autonome à coefficients périodiques. Soit alors

$$\begin{cases} \dot{e} = c(t)a(1-e-a) - (\gamma + \mu_e)e \\ \dot{a} = \gamma e - \mu_a a \end{cases} \quad (3.17)$$

où $c(t)$ est une fonction périodique définie par

$$c(t) = \begin{cases} c_s + c_r \text{ si } t \in [iT; (i+\alpha)T] \\ c_r \text{ si } t \in ](i+\alpha)T, (i+1)T] \end{cases}$$

Ainsi, la théorie de Floquet peut être appliquée à ce système (3.17) pour déterminer numériquement les valeurs de $\alpha$ qui nous permettent d'obtenir la stabilié de la solution triviale si celle ci est possible. Notre stratégie consiste en trois points :

(a) effectuer une linéarisation du système (3.17) autour de la solution nulle $E_0$

(b) déterminer la matrice fondamentale du système linéarisé et

(c) déterminer les valeurs propres associées à cette matrice, celles-ci sont dites "multiplicateurs caractéristiques" de Floquet.

La stabilité du système est évaluée par l'analyse de la norme de ces multiplicateurs. Si la norme de chaque multiplicateur est strictement inférieure à 1, la solution nulle du système est stable.

Soit $P(t) = E_0$ la solution périodique nulle. Par la linéarisation du champ de vecteurs du système (3.17) au voisinage de la solution périodique nulle $P(t)$, nous obtenons

$$\dot{x} = A(t)x$$

telle que $A(t) = D_f\Big(P(t) = E_0\Big)$ est une matrice $T$–périodique définie par

$$A(t) = \begin{cases} A_1 & \text{si } t \in [iT;(i+\alpha)T], \\ A_2 & \text{si } t \in ](i+\alpha)T,(i+1)T], \end{cases}$$

où

$$A_1 = \begin{pmatrix} -(\gamma+\mu_e) & c_s+c_r \\ \gamma & -\mu_a \end{pmatrix} \text{ et } A_2 = \begin{pmatrix} -(\gamma+\mu_e) & c_r \\ \gamma & -\mu_a \end{pmatrix}.$$

La matrice fondamentale de la théorie de Floquet associée à l'orbite périodique nulle $P(t) \equiv E_0$ est donnée par

$$X(t) = \begin{cases} X_1(t) & \text{si } t \in [kT, \alpha T[ \\ X_2(t) & \text{si } t \in [\alpha T, (k+1)T[ \end{cases}$$

où

$$X_1(t) = \exp(tA_1) \text{ et } X_2(t) = \exp((t-\alpha T)A_2)\exp(\alpha T A_1).$$

Nous appliquons le théorème de Floquet (Théorème 15) pour montrer la stabilité de l'équilibre nul. Autrement dit, cet équilibre est stable si et seulement si le rayon spectral de la matrice de monodromie est inférieur à 1.

La matrice de monodromie $M = X(T) = \exp((T-\alpha T)A_2)\exp(\alpha T A_1)$. Cette matrice peut être calculée analytiquement et son rayon spectral peut être déterminé explicitement en fonction des paramètres $\gamma, \mu_e, \mu_a, c, c_r, \alpha$ et $T$. Nous ne donnerons pas cette expression (qui peut être obtenue à l'aide d'un logiciel de calcul symbolique comme Maple par exemple), mais nous allons illustrer par quelques simulations numériques le comportement asymptotique du système à commutation (3.17) en fonction du paramètre $\alpha$.

Dans les simulations numériques qui suivent, nous considérons les valeurs des paramètres définies par $\gamma = \dfrac{1}{8}$, $\mu_e = \dfrac{1}{24}$, $\mu_a = \dfrac{1}{72}$, $c = 0.03$ et $c_r = 0.01$.

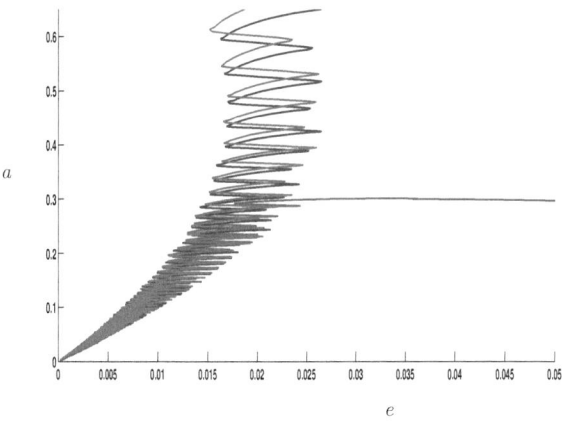

FIGURE 3.4 – Portrait de phase du système à commutation (3.17) lorsque $\rho(M) < 1$. Nous illustrons la convergence des solutions du système à commutation vers l'équilibre nul lorsque $\alpha T = 3$. Avec cette valeur $\rho(M) = 0.9979 < 1, R_{0,1} = 1.6200$ et $R_{0,2} = 0.54$

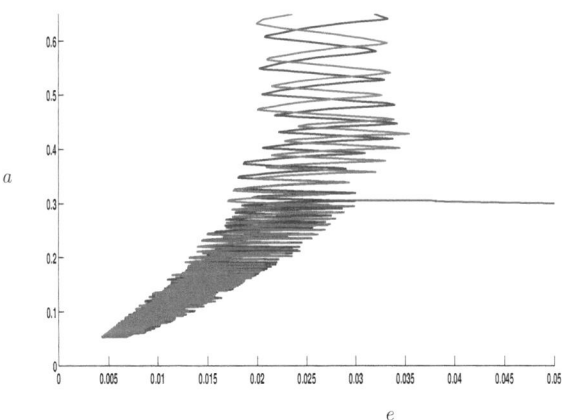

FIGURE 3.5 – Portrait de phase du système à commutation (3.17) lorsque $\rho(M) > 1$. Nous illustrons la convergence des solutions du système à commutation vers un cycle lorsque $\alpha T = 6$. Avec cette valeur $\rho(M) = 1.0590 > 1, R_{0,1} = 1.6200$ et $R_{0,2} = 0.54$

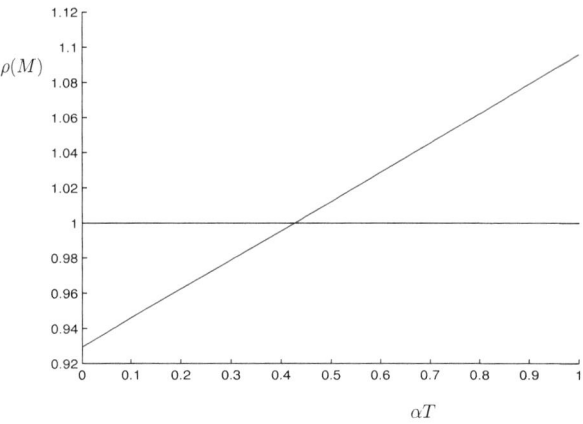

FIGURE 3.6 – $\rho(M)$ en fonction de $\alpha$.

Par la méthode de dichotomie nous avons déterminé la valeur de $\alpha$ qui donne $\rho(M) = 1$. Ainsi, pour $\alpha = 0.4275$ nous obtenons $\rho(M) = 1$.

Pour toute valeur de $\alpha$ telle que $\alpha < 0.4275$ le système à commutation converge vers l'équilibre nul.

## Conclusion

Après avoir présenté le modèle simplifié, nous avons rappelé les diverses notions mathématiques nécessaires pour l'étude menée, puis nous avons entrepris une analyse des deux sous–systèmes qui composent notre modèle simplifié. Nous avons utilisé le critère de Dulac Bendixson et le théorème de Poincaré-Bendixson pour démontrer la stabilité asymptotique de l'équilibre nul de chaque sous–système. Pour l'équilibre positif de chaque sous–système, en plus de ces deux notions, nous avons utilisé le théorème de Butler-McGehee pour prouver qu'il est globalement asymptotiquement stable. Un des résultats auquel nous avons abouti est : le taux de reproduction de base de chaque sous-système gouverne la stabilité des points d'équilibre du sous-système associé.

Après l'étude des sous–systèmes, nous avons abordé l'étude numérique de la stabilité du système à commutation avec l'application de la théorie de Floquet. Par cette analyse du comportement asymptotique du modèle 2D, nous avons des orientations pour aborder l'analyse asymptotique du modèle 3D. Dans le chapitre suivant, nous abordons l'extension de ces résultats avec d'autres approches pour le modèle de dimension trois.

# Chapitre 4

# Analyse asymptotique du modèle à commutation de dimension trois

**Contents**

| | |
|---|---|
| 4.1. Fondements mathématiques | 84 |
|     4.1.1. Stabilité locale des systèmes autonomes | 84 |
|     4.1.2. Stabilité globale des systèmes autonomes | 88 |
|     4.1.3. Stabilité des systèmes non autonomes | 95 |
|     4.1.4. Système asymptotiquement monotone | 98 |
| 4.2. Analyse du modèle de dimension trois | 99 |
|     4.2.1. Analyse du sous-système actif en période de reproduction sexuée | 100 |
|     4.2.2. Analyse du sous-système actif en période de non reproduction sexuée | 105 |
|     4.2.3. Analyse du modèle dans le cas non autonome | 107 |
|     4.2.4. Notion de fonction de Lyapunov commune | 108 |
| 4.3. Théorie de la moyennisation et stabilité globale de l'équilibre nul du modèle 3D | 109 |
|     4.3.1. Théorie de la moyennisation | 110 |
|     4.3.2. Approximation | 110 |
|     4.3.3. Application à la stabilité de l'équilibre nul du système de dimension trois. | 112 |

## Introduction

Ce chapitre a pour objectif de montrer théoriquement les résultats suggérés dans le deuxième chapitre par les simulations numériques du modèle de dimension trois ($3D$) et démontrés dans chapitre précédent avec le modèle simplifié. En effet nous présentons une analyse asymptotique du modèle de dimension trois. Pour cela, nous utilisons la stabilité au sens de Lyapunov des systèmes dynamiques. Lyapunov montre que l'existence de certaines fonctions, dites de Lyapunov, garantit la stabilité pour les équations différentielles continues. Ce n'est bien plus tard en 1963 que Kursweil [50] a montré l'équivalence entre l'existence d'une fonction de Lyapunov et la stabilité d'un système d'équations différentielles ordinaires continues.

Dans la première partie de ce chapitre, nous exposons les différentes notions de stabilité au sens de Lyapunov. Précisément nous présentons le cas des EDOs autonomes, ensuite celui des EDOs non autonomes et enfin nous terminons cette partie en rappelant le théorème de Thieme sur les systèmes asymptotiquement autonomes.

Dans la deuxième partie, nous appliquons les résultats des théories énoncés dans la première partie à notre modèle de dimension trois. Nous nous penchons d'abord sur les sous-systèmes du modèle à commutation qui sont dans la classe des EDOs continues autonomes, puis sur le modèle non autonomes. Enfin, nous présentons la théorie de moyennisation que nous appliquons par la suite à notre modèle à commutation de dimension trois. Le résultat obtenu est plus fort que celui obtenu avec la théorie de Lyapunov mais il dépend de l'ordre de grandeur des valeurs des paramètres du modèle.

## 4.1 Fondements mathématiques

### 4.1.1 Stabilité locale des systèmes autonomes

Commençons par rappeler les notions de la théorie de stabilité locale des EDOs autonomes que nous utilisons dans ce chapitre.

On suppose que pour toute condition initiale $x_0$, il existe dans $\mathbb{R}^n$ une unique solution, que nous notons indifféremment $x(t, x_0)$ ou $x(t)$, du problème de Cauchy

$$\begin{cases} \dot{x} &= f(x) \\ x(0) &= x_0 \end{cases} \qquad (4.1)$$

**Définition 34.**

Un état $x_e$ est appelé état d'équilibre ou point d'équilibre pour le système (4.1) si lorsque $x(t_0) = x_e$ alors $x(t) = x_e$ pour tout $t \geq t_0$. En d'autres termes, $x_e$ vérifie l'équation $f(x_e) = 0$.

**Remarque 9.**

On peut toujours se ramener au cas où le point d'équilibre est l'origine $0$ puisque si $x_e$ vérifie $f(x_e) = 0$, il suffit de considérer le changement coordonnées $z = x - x_e$, la dérivée de $z$ est donnée par

$$\dot{z} = \dot{x} = f(x) = f(z + x_e) = g(z), \text{ et } g(0) = 0.$$

l'origine est bien point d'équilibre du système $\dot{z} = g(z)$.

**Définition 35 (Bassin d'attraction d'un point d'équilibre).**

Soit $x_e \in \Omega$ un point d'équilibre du système (4.1). On appelle bassin d'attraction du point $x_e$ l'ensemble des point $x_0 \in \Omega$ tels que pour tout $t \in \mathbb{R}_+$ $x(t, x_0)$ soit défini et que

$$\lim_{t \to \infty} x(t, x_0) = x_e.$$

**Définition 36 ( Stabilité** [46]**).**

Soit $x_e = 0$ un point d'équilibre.

(a) $x_e$ est dit **stable** si $\forall \ \epsilon > 0$, il existe $r = r(\epsilon) > 0$ tel que

$$\text{si } \ x_0 \in B(x_e, r) \ \text{ alors } \ \| x(t) - x_e \| \leq \epsilon, \ \ \forall t \geq 0.$$

Sinon, le point d'équilibre est instable.

(b) $x_e$ est **asymptotiquement stable** s'il est stable et attractif, i.e., s'il existe $r > 0$ tel que

$$\forall x_0 \in B(x_e, r) \ \text{ alors } \ \lim_{t \to \infty} x(t) = 0$$

(c) $x_e$ **est exponentiellement stable** s'il existe $r > 0$ et deux scalaires strictement positifs $k$ et $\alpha$, tels que

$$\forall \ x_0 \in B(x_e, r) \ \ \text{alors} \ \ \|x(t)\| < k\|x_0\| \exp(-\alpha t).$$

### Le critère de Routh–Hurwitz

L'étude de la stabilité des EDOs linéaires autonomes peut se ramener à l'étude de signe des parties réelles des valeurs propres de matrice. Le calcul des valeurs propres peut s'avérer difficile lorsque la dimension de la matrice est supérieur à 2. C'est pourquoi le critère de Routh-Hurwitz est souvent utilisé. Il donne des renseignements sur le signe des parties réelles des racines d'un polynôme à partir de ses coefficients. L'application de ce critère pour l'étude du polynôme caractéristique permet alors de déduire des renseignements sur la stabilité des points d'équilibre.

On considère le polynôme suivant :

$$P(\lambda) = \lambda^n + a_1 \lambda^{n-1} + .. + a_n, \quad a_i \in \mathbb{R}, \quad i = 1, ..., n$$

Notons ici que les coefficients sont rangés par ordre décroissant des degrés. Ainsi, nous avons le critère de Routh-Hurwitz suivant :

**Théorème 16.**

*Toutes les racines de l'équation*

$$\lambda^n + a_1 \lambda^{n-1} + .. + a_n = 0$$

*ont des parties réelles négatives si et seulement si les inégalités suivantes sont satisfaites*

$$a_1 > 0, \quad \begin{vmatrix} a_1 & a_3 \\ 1 & a_2 \end{vmatrix} > 0, \quad ...., \quad \begin{vmatrix} a_1 & a_3 & a_5 & . & . & 0 \\ 1 & a_2 & a_4 & . & . & 0 \\ 0 & a_1 & a_3 & & & . \\ . & & & . & & . \\ . & & & & . & . \\ 0 & & & & & a_n \end{vmatrix} > 0. \quad (4.2)$$

Pour $n = 3$, les conditions (4.2) s'écrivent :

(a) $a_1 > 0$,

(b) $a_1 a_2 - a_3 > 0$, et

(c) $a_3 > 0$.

Le critère de Routh–Huriwtz peut être utlisé dans l'étude de la stabilité des systèmes non linéaires en utlisant la méthode indirecte de Lyapunov développée dans la partie suivante.

**Méthode indirecte de Lyapunov**

Une approximation locale de la dynamique d'un système non linéaire autour du point d'équilibre permet, dans certains cas, de déduire la stabilité locale du système complet. Il s'agit de la méthode indirecte de Lyapunov.

Soient $D$ une partie de $\mathbb{R}^n$, $f : D \to \mathbb{R}^n$ une fonction de classe $\mathcal{C}^1(D)$. Considérons le système

$$\dot{x} = f(x),$$

dont nous supposons que le point d'équilibre $x_e \in D$. Par le théorème de la moyenne, pour tout $x \in D$ tel que le segment joignant $x$ et $x_e$ reste dans $D$ nous avons

$$f_i(x) = f_i(x_e) + \frac{\partial f_i}{\partial x}(z_i)x$$

où $z_i$ est un point du segment joignant $x$ et $x_e$. Comme $f(x_e) = 0$, nous pouvons écrire

$$f_i(x) = \frac{\partial f_i}{\partial x}(z_i)x = \frac{\partial f_i}{\partial x}(x_e)x + \left[\frac{\partial f_i}{\partial x}(z_i) - \frac{\partial f_i}{\partial x}(x_e)\right]x.$$

D'où l'on peut déduire que

$$f(x) = \mathrm{A}x + g(x)$$

avec

$$\mathrm{A} = \frac{\partial f}{\partial x}(x_e) \text{ et } g_i(x) = \left[\frac{\partial f_i}{\partial x}(z_i) - \frac{\partial f_i}{\partial x}(x_e)\right]x.$$

Pour $i \in 1, \cdots, n$, la fonction $g_i$ vérifie

$$|g_i(x)| \leq \left\|\left[\frac{\partial f_i}{\partial x}(z_i) - \frac{\partial f_i}{\partial x}(x_e)\right]\right\|\|x\|.$$

Par la continuité de la dérivée partielle de $\dfrac{\partial f}{\partial x}$, on remarque que

$$\lim_{\|x\| \to \|x_e\|} \frac{\|g(x)\|}{\|x\|} = 0.$$

Cela signifie que dans un voisinage de $x_e$ suffisamment petit, on peut approcher le système (4.1) par le système linéarisé

$$\dot{x} = Ax \text{ où } A = \frac{\partial f}{\partial x}(x_e) \qquad (4.3)$$

Le théorème qui suit, connu comme méthode indirecte de Lyapunov, utilise la linéarisation du système (4.1) et peut dans certain cas apporter une réponse au problème de la stabilité locale, plus précisément :

**Théorème 17** ( [46]).
*Soient $D$ un ouvert de $\mathbb{R}^n$, $f : D \to \mathbb{R}^n$ est une fonction de classe $\mathcal{C}^1(D)$ et $x_e \in D$ un point d'équilibre du système $\dot{x} = f(x)$. Soit la matrice du système linéarisé*

$$A = \frac{\partial f}{\partial x}(x)\mid_{x_e}.$$

*(a) Si la partie réelle de toute valeur propre $\lambda$ de $A$ est strictement négative alors le point d'équilibre $x_e$ est asymptotiquement stable.*

*(b) S'il existe une valeur propre de $A$ dont la partie réelle est strictement positive alors $x_e$ est instable.*

Notons que ce théorème ne permet pas de conclure sur la stabilité du système lorsque $\mathcal{R}_e(\lambda_i) \leq 0$ pour tout $i$ et $\mathcal{R}_e(\lambda_i) = 0$ pour certain $i$.

### 4.1.2 Stabilité globale des systèmes autonomes

Dans les définitions 36, la stabilité est définie de manière locale, relativement à la notion de voisinage. Avec les outils ainsi introduits, il n'est donc pas possible a priori de prédire le comportement du système pour une condition initiale prise loin du point d'équilibre. Dans cette partie, nous énonçons les résultats permettant de prédire le comportement global du système.

**Fonction de Lyapunov**

La notion de fonction de Lyapunov constitue d'une certaine manière une généralisation de l'énergie d'un système physique en général. Étant donné une fonction définie positive, l'idée directrice des théorèmes de Lyapunov consiste à évaluer l'évolution de cette fonction sur les trajectoires du système afin de conclure à la décroissance de l'énergie.

**Définition 37.**

Soit $D$ un ouvert de $\mathbb{R}^n$ et $V$ une fonction de $D$ dans $\mathbb{R}$.

(1) $V$ est dite définie positive si : $V(0) = 0$ et $V(x) > 0$ dans un voisinage de $0$ pour tout $x \neq 0$.

(2) $V$ est dite définie négative si $-V$ est définie positive.

(3) $V$ est dite semi–définie positive si $V(0) = 0$ et $V(x) \geq 0$ dans un voisinage de $0$.

(4) $V$ est non définie si : $V(0) = 0$ et $V(x)$ change de signe dans tout voisinage de $0$.

**Définition 38 (Fonction de Lyapunov).**

Une fonction de classe $\mathcal{C}^1$ $V : \mathbb{R}^n \to \mathbb{R}$ est dite de Lyapunov si

(a) $V(0) = 0$ et $\forall x \neq 0$, $V(x) > 0$, et

(b) $\dot{V}(0) = 0$ et $\dot{V}(x) \leq 0$.

Le résultat fondamental de la stabilité de Lyapunov affirme que si une fonction de Lyapunov existe pour un système donné alors ce système est stable. Si la fonction est strictement décroissante, c'est-à-dire $\dot{V}(x) < 0 \quad \forall x \neq 0$, alors la stabilité est en plus asymptotique. Nous précisions mieux ce résultat dans les sections qui suivent.

**Théorème de stabilité locale**

Le premier théorème en relation avec la fonction de Lyapunov est le résultat de la stabilité locale autour du point d'équilibre.

**Théorème 18 (Lyapunov, 1892).** *[46]*

Soit $x_e = 0$ un point d'équilibre du système (4.1) et $D \subset \mathbb{R}^n$ un domaine contenant l'origine. S'il existe une fonction de Lyapunov $V$ définie sur $D$, alors le point d'équilibre $x_e$ est stable.
Si en plus,
$$\forall x \in D \setminus \{0\} \quad \dot{V}(x) < 0,$$
alors $x_e = 0$ est asymptotiquement stable.

La surface $V(x) = c$, pour une valeur de c $> 0$, est appelée surface de Lyapunov ou surface de niveau.

**Théorème sur la stabilité globale**

Nous avons vu que la stabilité locale est relative à une condition initiale $x_0$ dans un voisinage $D$ du point d'équilibre contrairement à la stabilité globale qui est relative à une condition initiale

$x_0 \in \mathbb{R}^n$. La question est de savoir s'il suffit de remplacer $D$ par $\mathbb{R}^n$ et de vérifier les hypothèses du théorème de Lyapunov afin de conclure sur la stabilité globale du système. Pour que l'on puisse garantir que le théorème de Lyapunov conclut sur la stabilité globale d'un système, il faut d'une part que toutes les hypothèses soient satisfaites, et d'autre part que la condition de bornitude radiale existe, c'est-à-dire

$$V(x) \to \infty \quad \text{lorsque} \quad \|x\| \to \infty.$$

Dans ce cas, on dit que la fonction de Lyapunov $V$ est radialement non bornée. Dans cette situation, le résultat Barbashin–Krasovskii suivant donne les conditions de stabilité globale :

**Théorème 19.**
*Soit $x_e = 0$ un point d'équilibre du système (4.1). Soit $V : \mathbb{R}^n \to \mathbb{R}$ une fonction de classe $\mathcal{C}^1$, vérifiant*

$$V(x) > 0 \quad \forall x \neq 0, \quad V(0) = 0$$

$$\dot{V}(x) < 0 \quad \forall x \neq 0,$$

$$V(x) \to \infty \Longrightarrow \|x\| \to \infty \tag{4.4}$$

*alors $x_e = 0$ est globalement asymtoptiquement stable.*

La troisième propriété 4.4 signifie que la fonction de Lyapunov est radialement non bornée, de cette façon il est assuré que les surfaces de Lyapunov $V(x) = c$ sont fermées assurant alors la convergence vers $x_e = 0$. Si on ne parvient pas à vérifier cette propriété, on ne peut conclure sur la stabilité globale de l'équilibre.

Nous montrons à travers l'exemple suivant que cette propriété doit être vérifiée pour affirmer la stabilité globalement du système.

**Exemple 3 (Cas où la fonction de Lyapunov n'est pas radialement non bornée).**

*Considérons le système suivant :*

$$\begin{cases} \dot{x}_1 = \dfrac{-6x_1}{u^2} + 2x_2 \\ \dot{x}_2 = \dfrac{-2(x_1 + x_2)}{u^2} \end{cases}$$

où $u = 1 + x_1^2$. *Soit* $V(x) = \dfrac{x_1^2}{(1 + x_1^2)} + x_2^2$

Nous avons $\dot{V}(x) = -\dfrac{12x_1^2}{u^2} - \dfrac{4x_2^2}{u^2}$, ainsi, $V(x) > 0$ et $\dot{V}(x) < 0$ pour tout $x \in \mathbb{R}^2 \setminus \{0\}$

Considérons l'hyperbole suivante $x_2 = \dfrac{2}{x_1 - \sqrt{2}}$.

Montrons que les trajectoires situées à la droite de la branche de l'hyperbole ne peuvent pas traverser celle-ci. Pour cela, on regarde la direction des champs de vecteurs qui sont sur la branche de l'hyperbole.

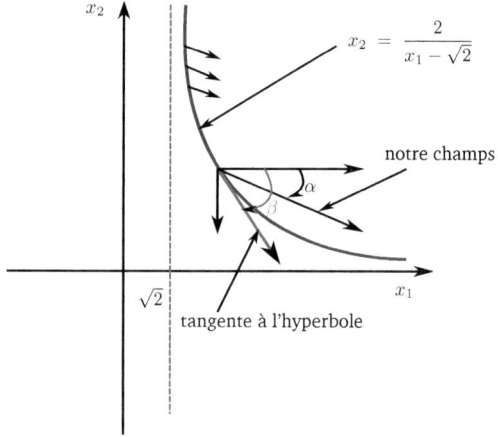

FIGURE 4.1 – Champs de vecteurs sur l'hyperbole

On compare les angles $\alpha$ et $\beta$. Notons que ces angles sont orientées négativement.

$$\begin{aligned}
\tan \alpha &= \frac{\dot{x}_2}{\dot{x}_1} = \frac{-2(x_1 + x_2)}{-6x_1 + 2x_2 u^2} \\
&= \frac{x_1(x_1 - \sqrt{2}) + 2}{3x_1(x_1 - \sqrt{2}) - 2(1 + x_1^2)^2} \\
&= \frac{x_1(x_1 - \sqrt{2}) + 2}{-2x_1^4 - x_1^2 - 3\sqrt{2}x_1 - 2} \\
&= -\frac{x_1(x_1 - \sqrt{2}) + 2}{(x_1(x_1 - \sqrt{2}) + 2)(1 + 2\sqrt{2}x_1 + 2x_1^2)} \\
&= \frac{-1}{1 + 2\sqrt{2}x_1 + 2x_1^2}
\end{aligned}$$

et

$$\tan \beta = \frac{d}{dx_1}\left(\frac{2}{x_1 - \sqrt{2}}\right) = \frac{-2}{(x_1 - \sqrt{2})^2}$$

$$\beta < \alpha \iff \frac{1}{1 + 2\sqrt{2}x_1 + 2x_1^2} < \frac{2}{(x_1 - \sqrt{2})^2}$$

$$\implies 3x_1^2 > -6\sqrt{2}x_1 \quad \text{ce qui est vrai} \quad \forall \; x_1 > 0$$

Ainsi, les trajectoires vers la droite de la branche de l'hyperbole ne peuvent pas traverser cette branche. Donc l'origine n'est pas globalement asymptotiquement stable.

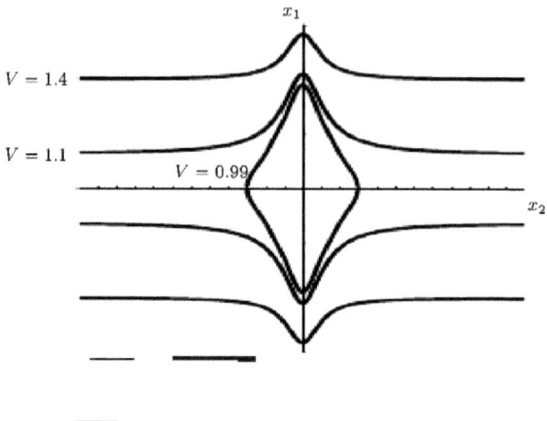

FIGURE 4.2 – Surface de Lyapunov pour $V(x) = \dfrac{x_1^2}{(1+x_1^2)} + x_2^2$

Les courbes de niveau de cette fonction de Lyapunov sont représentées dans la figure 4.2. Pour autant que $V$ soit inférieure à l'unité, les courbes de niveau sont fermées et encerclent une région compacte. Dès que la valeur $V$ dépasse 1 les courbes de niveau ne croisent plus l'axe horizontal et ne sont donc plus fermées.

**Remarque 10 (Domaine d'attraction).**

*La condition $\dot{V}(x) \leq 0$ implique que lorsqu'une trajectoire traverse une surface de Lyapunov $V(x) = c$, elle reste confinée à l'intérieur de l'ensemble $\Omega_c = \{x \ : \ V(x) \leq c\}$. Si $\dot{V}(x) < 0$, la trajectoire se déplace vers une surface de Lyapunov interne avec une valeur de $c$ plus petite. Au fur et à mesure que $c$ décroît, la surface de Lyapunov $V(x) = c$, se rétrécit progressivement jusqu'à se transformer en l'origine. Si l'on sait seulement que $\dot{V}(x) \leq 0$, alors on peut assurer que l'origine est stable, puisqu'il sera possible de confiner n'importe quelle trajectoire dans un voisinage de la taille $\epsilon > 0$ autour de l'origine.*

Les fonctions de Lyapunov peuvent être utilisées pour estimer un domaine d'attraction d'un état d'équilibre asymptotiquement stable, ou encore pour déterminer des ensembles contenus à l'intérieur du domaine d'attraction. S'il existe une fonction de Lyapunov satisfaisant les conditions de stabilité asymptotique dans un domaine $D$ et si la surface de Lyapunov $\Omega_c = \{x : V(x) \leq c\}$ est bornée et contenue dans $D$, alors toute trajectoire commençant dans $\Omega_c$, y restera et tendra vers l'équilibre quand $t \to \infty$. C'est-à-dire $\Omega_c$ est une approximation du domaine d'attraction.

**Principe d'invariance**

Nous avons vu qu'avec la seconde méthode de Lyapunov, on ne peut conclure à la stabilité asymptotique que si la dérivée de la fonction de Lyapunov est définie négative le long des trajectoires du système non linéaire. Il est néanmoins possible, dans certains cas où la dérivée est seulement semi définie négative, de conclure à la stabilité asymptotique. Pour cela, nous utilisons le principe d'invariance de LaSalle.

**Théorème 20 (Principe d'invariance de LaSalle).**
*Soit $\Omega \subset D$ un ensemble compact positivement invariant pour le système (4.1). Soit $V : D \longrightarrow \mathbb{R}$ une fonction définie positive, continûment différentiable dans le domaine $D$ contenant l'origine $x = 0$, telle que*

$$\forall x \in D, \; \dot{V}(x) \leq 0.$$

*Soient $E = \{x \in \Omega : \dot{V} = 0\}$ et $M$ le plus grand ensemble positivement invariant pour le système (4.1) et contenu dans $E$. Alors, toute solution bornée commençant dans $\Omega$ tend vers l'ensemble $M$ lorsque le temps tend vers l'infini.*

**Corollaire 5.** *[46]*
*Soit $x_e = 0$ un point d'équilibre du système (4.1). Soit $V : D \longrightarrow \mathbb{R}$ une fonction définie positive, continûment différentiable dans le domaine $D$ contenant l'origine $x = 0$, telle que*

$$\forall x \in D, \dot{V}(x) \leq 0.$$

*Soit $S = \{x \in D : \dot{V}(x) = 0\}$ et supposons que $S$ ne contienne pas de trajectoire du système autre que la solution triviale. Alors l'origine est asymptotiquement stable.*

**Corollaire 6.** *[46]*
*Soit $x_e = 0$ un point d'équilibre du système (4.1). Soit $V : D \longrightarrow \mathbb{R}$ une fonction définie positive, continûment différentiable et radialement non bornée telle que*

$$\dot{V}(x) \leq 0 \; \forall \, x \in \mathbb{R}^n.$$

Soit $S = \{x \in D : \dot{V}(x) = 0\}$ et supposons que $S$ ne contient pas de trajectoire du système autre que la solution triviale. Alors l'origine est globalement asymptotiquement stable.

Si $\dot{V}(x)$ est définie négative, $S = \{0\}$. Alors, les corollaires 5 et 6 coincident avec les théorèmes 18 et 19, respectivement.

**Remarque 11.**
*Pour les systèmes linéaires $\dot{x} = \mathrm{A}x(t)$ où $\mathrm{A} \in \mathrm{M}_{n,n}(\mathbb{R})$, on rappelle que l'origine est un point d'équilibre et la stabilité locale équivalente est à la stabilité globale. C'est une conséquence directe du théorème 17 caractérisant la stabilité des systèmes linéaires autonomes.*

### 4.1.3 Stabilité des systèmes non autonomes

Soient $D$ un ouvert de $\mathbb{R}^n$ contenant l'origine et $f : [0, \infty[ \times D \to \mathbb{R}^n$ une fonction continue par rapport à la première variable $t$ et localement lipschitzienne par rapport à la deuxième variable $x$. Considérons la classe des systèmes non linéaires décrite par l'équation dynamique

$$\dot{x} = f(t, x), \qquad (4.5)$$

La principale difficulté dans l'étude de tels systèmes est que la solution dépend de l'instant initial $t_0$. Nous introduisons dans ce qui suit la notion d'uniformité qui permet alors de caractériser le comportement d'une classe de systèmes non linéaires.
Rappelons que l'origine est un point d'équilibre pour le système (4.5) à l'instant $t = 0$ si

$$\forall t \geq 0, \ f(t, 0) = 0.$$

Comme dans le cas autonome, sans perte de généralité, on peut toujours supposer que l'origine est un point d'équilibre.

Dans ce qui suit, on notera $x(t, t_0, x_0)$ la solution du système (4.5) à l'instant $t \geq t_0 \geq 0$ initialisé en $x_0$ à l'instant $t_0$.

**Notions de stabilités**

**Définition 39.** *[46]*
*Soit $x_e = 0$ un point d'équilibre du système (4.5)*

(a) $x_e$ **stable** si, $\forall \epsilon > 0$, $\forall t_0 \geq 0$, il existe un scalaire positif $\delta(\epsilon, t_0)$ tel que

$$\forall t \geq t_0 \ \| x_0 \| \leq \delta(\epsilon, t_0) \implies \| x(t, t_0, x_0) \| < \epsilon.$$

On dit que l'origine est instable dans le cas contraire.

(b) $x_e$ **uniformément stable** si $\forall \epsilon > 0$, il existe un scalaire positif $\delta(\epsilon)$ tel que

$$\forall t_0 \geq 0 \ \| x_0 \| \leq \delta(\epsilon) \implies \forall t \geq t_0 \ \| x(t, t_0, x_0) \| < \epsilon.$$

(c) $x_e$ **asymptotiquement stable** s'il existe une constante $c(t_0)$ telle que

$$\| x_0 \| < c(t_0) \implies \lim_{t \to \infty} x(t, t_0, x_0) = 0.$$

(d) $x_e$ **asymptotiquement uniformément stable** s'il est uniformément stable et il existe une constante $c$ (indépendante de $t_0$) telle que

$$\| x_0 - x_e \| < c \implies \lim_{t \to \infty} x(t, t_0, x_0) = 0 \text{ uniformément par rapport à } t_0$$

c'est-à-dire $\forall \eta > 0$, $\exists T(\eta) > 0$ tel que

$$\| x_0 \| < c \implies \forall t \geq t_0 + T(\eta) \ \| x(t, t_0, x_0) \| < \eta$$

(e) *globalement uniformément stable* s'il est uniformément stable et pour tout $\eta > 0$, $c > 0$, il existe $T = T(\eta, c) > 0$ tel que

$$\| x_0 \| < c \implies \forall t \geq t_0 + T(\eta, c), \ \| x(t, t_0, x_0) \| < \eta.$$

**Définition 40.**

*Le point d'équilibre $x_e$ du système (4.5) est exponentiellemnt stable s'il existe des constantes $c, k$, et $\delta$ positives telles que*

$$\forall \| x_0 - x_e \| < c, \ \| x(t, t_0, x_0) \| \leq k \| x_e \| \exp(-\delta(t - t_0)). \tag{4.6}$$

*$x_e$ est globalement asymptotiquement stable si l'inégalité (4.6) est vérifiée pour n'importe quel état initial $x_0$*

Dans le paragraphe suivant, on présentera les principaux théorèmes sur la stabilité uniforme, via la méthode directe de Lyapunov.

**Théorèmes sur la stabilité**

**Théorème 21.** *[68]*
*Soient $D \subset \mathbb{R}^n$ un domaine contenant l'origine $x = 0$ et $f : [0, \infty[ \times D \to \mathbb{R}^n$ une fonction continue par rapport à la première variable $t$ et localement lipschitzienne par rapport à la deuxième variable $x$. Soient $W_1(x)$ $W_2(x)$ et $W_3(x)$ des fonctions continues et définies positives sur $D$. Supposons que l'origine soit un point d'équilibre pour le système $\dot{x} = f(t, x)$.*

*(a) S'il existe $V : [0, \infty[ \times D \longrightarrow \mathbb{R}$ une fonction continûment différentiable ( de classe $C^1$) telle que*

$$W_1(x) \leq V(t, x) \leq W_2(x) \tag{4.7}$$

*et*

$$\frac{\partial V}{\partial t} + \frac{\partial V}{\partial x} f(t, x) \leq 0 \tag{4.8}$$

*alors, l'origine $x = 0$ est uniformément stable.*

*(b) S'il existe $V : [0, \infty[ \times D \longrightarrow \mathbb{R}$ une fonction continûment différentiable ( de classe $C^1$) qui satisfait (4.7) et si*

$$\frac{\partial V}{\partial t} + \frac{\partial V}{\partial x} f(t, x) \leq -W_3(x),$$

*alors, $x_e = 0$ est uniformément asymptotiquement stable.*

**Corollaire 7.** *[46]*
*Supposons que les hypothèses du théorème 21 sont satisfaites pour tout $x \in \mathbb{R}^n$ et $W_1(x)$ est radialement non-bornée alors $x_e = 0$ est globalement uniformément asymptotiquement stable.*

Ces théorèmes généralisent donc les théorèmes sur la stabilité locale et globale des systèmes autonomes.

Une fonction $V$ de classe $\mathcal{C}^1$ sur $[0, \infty) \times D$, définie positive, décroissante, et dont la dérivée au long de la trajectoire du système est semi–définie négative est dite de Lyapunov.

Le théorème ci–dessous fournit des conditions suffisantes pour la stabilité exponentielle d'un système non autonome.

**Théorème 22.** *[46]*

*Soient $D \subset \mathbb{R}^n$ un domaine contenant l'origine $x = 0$ et $f : [0, \infty[ \times D \to \mathbb{R}^n$ une fonction continue par rapport à la première variable $t$ et localement lipschitzienne par rapport à la deuxième variable $x$. Supposons que l'origine soit un point d'équilibre pour le système $\dot{x} = f(t, x)$.*

*Soit $V : [0, \infty) \times D \longrightarrow \mathbb{R}$ une fonction continûment différentiable (de classe $C^1$). S'il existe $k_1, k_2, k_3$ et $a$ tous des constantes positives telles que*

$$k_1 \|x\|^a \leq V(t, x) \leq k_2 \|x\|^a \tag{4.9}$$

*et*

$$\frac{\partial V}{\partial t} + \frac{\partial V}{\partial x} f(t, x) \leq k_3 \|x\|^a, \tag{4.10}$$

*alors, $x_e = 0$ est exponentiellement stable. Si l'inégalité (4.10) est stricte, alors $x_e = 0$ est globalement exponentiellement stable.*

### 4.1.4 Système asymptotiquement monotone

Soient $D$ un partie de $\mathbb{R}^n \times \mathbb{R}^m$, $f$ une fonction définie sur $D$. Soit $\Omega$ le domaine suivant

$$\Omega = \{x : (x, 0) \in D\} \subset \mathbb{R}^n.$$

Soient $(y, z) \in D$ et $x \in \Omega$. Considérons les systèmes d'équations différentielles ordinaires de la forme

$$\dot{z} = Az, \quad \dot{y} = f(y, z) \tag{4.11}$$

et

$$\dot{x} = f(x, 0). \tag{4.12}$$

On suppose que $f$ est continûment différentiable, $D$ est positivement invariant pour les systèmes (4.11). On suppose de plus que (4.11) est dissipatif en ce sens qu'il existe un sous–ensemble compact $K$ de $D$ dans lequel toute solution d'une condition initiale à l'intérieur du domaine $D$ finit par entrer et reste dans $K$.

Les hypothèses supplémentaires suivantes seront utilisées.

**H1** Toutes les valeurs de la matrice $A$ ont des parties réelles négatives.

**H2** L'équation a un nombre fini de point d'équilibre dans $\Omega$, dont chacun est hyperbolique pour (4.12). On note les points d'équilibres par $x_1, ..., x_p$.

**H3** Pour tout $i \in \{1, \cdots, r\}$ et pour tout $j \in \{r+1, \cdots, p\}$, la dimension de la variété stable de $x_i$ est $n$ et la dimension de la variété stable de $x_j$ est plus petite que $n$. Autrement $\forall i \in \{1, \cdots, r\}$, $dim(M^+(x_i)) = n$ et $\forall j \in \{r+1, \cdots, p\}$, $dim(M^+(x_j)) < n$.

**H4** $\Omega = \cup_{i=1}^{p} M^+(x_i)$.

**H5** Le système (4.12) ne possède pas un cycle de points d'équilibre.

Notons d'abord que seuls les points d'équilibres du système (4.11) sont de la forme $(x, 0)$ et que chacun de ces points d'équilibre est hyperbolique pour le système (4.11). Pour éviter toute confusion entre les systèmes (4.11) et (4.12) notons les variétés stable et instable du système (4.11) par $\Lambda^+$ et $\Lambda^-$ respectivement, alors nous avons

**(a)** $dim(\Lambda^+(x_i, 0)) = m + dim(M^+(x_i))$ et

**(b)** $M^+(x_i) \times \{0\} = \Lambda^+(x_i, 0) \cap \{(y, z) \in D : z = 0\}$.

Par $H4$, tout point de $\Omega$ est attiré vers l'un des points d'équilibres $x_i, i = 1, ..., p$.

Le théorème suivant est un cas spécial du résultat général du théorème de Thieme [74]

**Théorème 23.** *[72, chap .11 page 295]*
*Supposons les hypothèses* **H1** *à* **H5** *satisfaites et soit* $(y(t), z(t))$ *une solution du système (4.11) alors pour certain* $i \in \{1, \cdots, r\}$

$$\lim_{t \to +\infty} (y(t), z(t)) = (x_i, 0)$$

*En d'autres termes,* $D \subset \cup_{i=1}^{p} M^+(x_i)$. *De plus* $\cup_{i=1}^{p} M^+(x_i)$ *a une mesure de Lebesgue nulle.*

## 4.2 Analyse du modèle de dimension trois

Dans cette section, nous analysons le modèle de dimension trois. Nous procédons dans un premier temps à une analyse des sous-systèmes qui composent le modèle. Puis, en utilisant la théorie de Lyapunov des systèmes non autonomes nous analysons le système. Enfin, nous terminons par énoncer la théorie des fonctions de Lyapunov communes appliquée à un SDC. Celle-ci sera utilisée pour interpréter le résultat obtenu avec la théorie de Lyapunov des systèmes non autonomes.

## 4.2.1 Analyse du sous-système actif en période de reproduction sexuée

**Analyse préliminaire**

Ce sous–système est donné par le système (2.10) que nous rappelons ici :

$$\begin{cases} \dot{e}_s = c_s a(1 - e_s - e_r - a) - (\gamma_s + \mu_s)e_s \\ \dot{e}_r = c_r a(1 - e_s - e_r - a) - (\gamma_r + \mu_r)e_r \\ \dot{a} = \gamma_s e_s + \gamma_r e_r - \mu_a a \end{cases}$$

Dans cette partie, nous faisons une étude locale du système (2.10). Rappelons que le taux de reproduction de base associé à ce sous-système est

$$R_{0,1} = R_{0,s} + R_{0,r},$$

où

$$R_{0,s} = \frac{c_s \gamma_s}{\mu_a(\gamma_s + \mu_s)} \text{ et } R_{0,r} = \frac{c_r \gamma_r}{\mu_a(\gamma_r + \mu_r)}.$$

La proposition suivante montre que la stabilité des points d'équilibre est gouvernée par $R_{0,1}$.

**Proposition 17.**

*a) Si $R_{0,1} < 1$ alors, $E_0 = (0,0,0)$ est localement asymptotiquement stable dans le domaine $\Omega$.*

*b) Si $R_{0,1} > 1$ alors, l'équilibre $E_0$ est instable et l'équilibre $E_1 = (e_s^*, e_r^*, a^*)$ est localement asymptotiquement stable.*

*Preuve.*

Le système linéarisé associé à (2.10) autour du point $E_0$ est donné par :

$$X'(t) = D_f(E_0)X(t)$$

où

$$D_f(E_0) = \begin{pmatrix} -(\gamma_s + \mu_s) & 0 & c_s \\ 0 & -(\gamma_r + \mu_r) & c_r \\ \gamma_s & \gamma_r & -\mu_a \end{pmatrix}$$

est la matrice jacobienne associée au sous–système (2.10) au point $E_0$. L'opposé de son polynôme caractéristique est de la forme :

$$-P(X) = X^3 + a_1 X^2 + a_2 X + a_3.$$

Avec un outil du logiciel de calcul formel Maxima nous obtenons

$$\begin{aligned}
a_1 &= \gamma_r + \mu_r + \gamma_s + \mu_s + \mu_a > 0 \\
a_2 &= (\gamma_s + \mu_s + \mu_a)\mu_r + (\gamma_r + \mu_a)\mu_s + (\gamma_r + \gamma_s)\mu_a - (c_r - \gamma_s)\gamma_r - c_s\gamma_s \\
a_3 &= \mu_a(\mu_s + \gamma_s)(\mu_r + \gamma_r) - c_r\gamma_r(\mu_s + \gamma_s) - c_s\gamma_s(\gamma_r + \mu_r).
\end{aligned}$$

Il s'en suit

$$\begin{aligned}
a_2 &= \mu_a(\gamma_s + \mu_s) - c_s\gamma_s + \mu_a(\gamma_r + \mu_r) - c_r\gamma_r + (\gamma_s + \mu_s)(\gamma_r + \mu_r) \\
&= \mu_a(\gamma_s + \mu_s)(1 - R_{0,s}) + \mu_a(\gamma_r + \mu_r)(1 - R_{0,r}) + (\gamma_s + \mu_s)(\gamma_r + \mu_r) \\
a_3 &= \mu_a(\mu_s + \gamma_s)(\mu_r + \gamma_r)(1 - R_{0,1})
\end{aligned}$$

Le produit $a_1 a_2$ donne l'expression suivante

$$\begin{aligned}
a_1 a_2 &= \mu_a(\gamma_s + \mu_s)(\gamma_r + \mu_r)(1 - R_{0,s}) + \mu_a(\gamma_r + \mu_r)^2(1 - R_{0,r}) + (\gamma_s + \mu_s)(\gamma_r + \mu_r)^2 + \\
&\quad \mu_a(\gamma_s + \mu_s)^2(1 - R_{0,s}) + \mu_a(\gamma_s + \mu_s)(\gamma_r + \mu_r)(1 - R_{0,r}) + (\gamma_s + \mu_s)^2(\gamma_r + \mu_r) + \\
&\quad \mu_a^2(\gamma_s + \mu_s)(1 - R_{0,s}) + \mu_a^2(\gamma_r + \mu_r)(1 - R_{0,r}) + \mu_a(\gamma_s + \mu_s)(\gamma_r + \mu_r) \\
&= \mu_a(\gamma_s + \mu_s)(\gamma_r + \mu_r)(1 - R_{0,s} + 1 - R_{0,r} + 1) + K, \quad \text{avec} \quad K \quad \text{positive} \\
&= \mu_a(\gamma_s + \mu_s)(\gamma_r + \mu_r)(1 - R_{0,1} + 2) + K \\
&= \mu_a(\gamma_s + \mu_s)(\gamma_r + \mu_r)(1 - R_{0,1}) + Q, \quad \text{avec} \quad Q \quad \text{positive} \\
&= a_3 + Q
\end{aligned}$$

(a) Supposons $R_{0,1} < 1$.

Nous avons alors

$$a_2 = \mu_a(\gamma_s + \mu_s)(1 - R_{0,s}) + \mu_a(\gamma_r + \mu_r)(1 - R_{0,r}) + (\gamma_s + \mu_s)(\gamma_r + \mu_r)$$

$$a_3 = \mu_a(\mu_s + \gamma_s)(\mu_r + \gamma_r)(1 - R_{0,1}) \tag{4.13}$$

et
$$a_1 a_2 - a_3 = Q$$

qui sont strictement positives.

Ainsi, les critères de Routh–Hurwitz sont satisfaits et par conséquent d'après le théorème 17, l'équilibre $E_0$ est asymptotiquement stable.

(b) Si $R_{0,1} > 1$, nous avons $a_3 < 0$ d'après l'équation (4.13), et dans ce cas $a_1$ et $a_3$ sont de signes opposés. Par conséquent, d'après Routh–Hurwitz la matrice est instable, donc d'après le théorème 17 l'équilibre $E_0$ est instable.

Étudions maintenant la stabilité de $E_1$ qui existe si et seulement si $R_{0,1} > 1$. Le système linéarisé est
$$X'(t) = D_f(E_1) X(t)$$
où
$$D_f(E_1) = \begin{pmatrix} -c_s a^* - (\gamma_s + \mu_s) & -c_s a^* & c_s(1 - e_s^* - e_r^* - 2a^*) \\ -c_r a^* & -c_r a^* - (\gamma_r + \mu_r) & c_r(1 - e_s^* - e_r^* - 2a^*) \\ \gamma_s & \gamma_r & -\mu_a \end{pmatrix}$$

L'opposé du polynôme caractéristique de $D_f(E_1)$ est de la forme :
$$-P(X) = X^3 + a_1 X^2 + a_2 X + a_3$$

En utilisant Maxima, nous obtenons
$$a_1 = \mu_r + \mu_s + \mu_a + \gamma_r + \gamma_s + a^* c_r + a^* c_s$$

$$\begin{aligned} a_2 =\ & (\mu_s + \mu_a + \gamma_s + a^* c_s)\mu_r + (\mu_a + \gamma_r + a^* c_r)\mu_s + (\gamma_s + \gamma_r + a^* c_s + a^* c_r)\mu_a + \\ & [\gamma_s + c_r e_s^* + c_r e_r^* + (2a^* - 1)c_r + a^* c_s]\gamma_r + [c_s e_s^* + c_s e_r^* + (2a^* - 1)c_s + a^* c_r]\gamma_s \end{aligned}$$

$$\begin{aligned}
a_3 &= [\mu_a\mu_s + (\gamma_s + a^*c_s)\mu_a + (c_s e_r^* + c_s e_s^* + (2a^* - 1)c_s)]\mu_r + \\
&\quad [(\gamma_r + a^*c_r)\mu_a + (c_r e_r^* + c_r e_s^* + (2a^* - 1)c_r)\gamma_r]\mu_s + [(\gamma_s + a^*c_s)\gamma_r + a^*c_r\gamma_s]\mu_a \\
&\quad +[(c_r + c_s)e_r^* + (c_r + c_s)e_s^* + (2a^* - 1)c_r + (2a^* - 1)c_s]\gamma_s\gamma_r. \quad (4.14)
\end{aligned}$$

Il s'en suit

$$\begin{aligned}
a_2 &= [c_s(\gamma_s + \mu_a) + c_r(\gamma_r + \mu_a)]a^* + [c_s(\gamma_r + \mu_r) + c_r(\gamma_s + \mu_s)]a^* \\
&\quad + (\gamma_s + \mu_s)(\gamma_r + \mu_r) + \mu_a(\gamma_s + \mu_s)(1 - \frac{R_{0,s}}{R_{0,1}}) + \mu_a(\gamma_r + \mu_r)(1 - \frac{R_{0,r}}{R_{0,1}})
\end{aligned}$$

et

$$a_3 = \mu_a(\gamma_s + \mu_s)(\gamma_r + \mu_r)(R_{0,1} - 1).$$

Or

$$R_{0,1} = R_{0,s} + R_{0,r}.$$

Donc, si $R_{0,1} > 1$ alors, $a_2 > 0$ et $a_3 > 0$.

Il suffit de remarquer directement que

$$a_1 a_2 = [c_s(\gamma_s + \mu_a)(\gamma_r + \mu_r) + c_r(\gamma_r + \mu_a)(\gamma_s + \mu_s)]a^* + Q \quad \text{avec} \quad Q \quad \text{positive}.$$

On en déduit en utilisant l'expression de

$$a^* = \frac{\mu_a(\gamma_s + \mu_s)(\gamma_r + \mu_r)(R_{0,1} - 1)}{c_s(\gamma_s + \mu_a)(\gamma_r + \mu_r) + c_r(\gamma_r + \mu_a)(\gamma_s + \mu_s)}$$

que

$$a_1 a_2 = \mu_a(\gamma_s + \mu_s)(\gamma_r + \mu_r)(R_{0,1} - 1) + Q = a_3 + Q.$$

Par conséquent,

$$a_1 a_2 - a_3 = Q > 0.$$

D'après le critère de Routh-Hurwitz, on en déduit que les valeurs propres du polynôme caractéristique sont de parties réelles strictement négatives. Donc, d'après le théorème 17 l'équilibre $E_1$ est asymptotiquement stable si $R_{0,1} > 1$.

$\Xi$

**Résultat de convergence**

**Proposition 18.**

*Le point d'équilibre $E_0 = (0,0,0)$ du systèmes (2.10) est globalement asymptotiquement stable dans le domaine $\Omega$ si et seulement si $R_{0,1} \leq 1$ pour tout $t \geq 0$.*

*Preuve.*

On suppose $R_{0,1} \leq 1$, $\forall t \geq 0$. Soit la fonction suivante :

$$V : \quad \Omega \quad \longrightarrow \quad \mathbb{R}$$

$$x = (e_s, e_r, a) \longmapsto a_1 e_s + a_2 e_r + a_3 a,$$

avec

$$a_1 = \gamma_s(\gamma_r + \mu_r) > 0, \quad a_2 = \gamma_r(\gamma_s + \mu_s) > 0 \quad \text{et} \quad a_3 = (\gamma_s + \mu_s)(\gamma_r + \mu_r) > 0.$$

Nous avons

$$\forall x \neq 0, \quad V(x) > 0 \quad \text{et} \quad V(0) = 0,$$

et

$$\begin{aligned}
\dot{V}(x) &= \gamma_s(\gamma_r + \mu_r)\dot{e}_s + \gamma_r(\gamma_s + \mu_s)\dot{e}_r + (\gamma_s + \mu_s)(\gamma_r + \mu_r)\dot{a} \\
&= c_s\gamma_s(\gamma_r + \mu_r)(1 - e_s - e_r - a)a - (\gamma_r + \mu_r)(\gamma_s + \mu_s)\gamma_s e_s \\
&\quad + c_r\gamma_r(\gamma_s + \mu_s)(1 - e_s - e_r - a)a - (\gamma_s + \mu_s)(\gamma_r + \mu_r)\gamma_r e_r \\
&\quad + (\gamma_s + \mu_s)(\gamma_r + \mu_r)\gamma_s e_s + (\gamma_s + \mu_s)(\gamma_r + \mu_r)\gamma_r e_r \\
&\quad - (\gamma_s + \mu_s)(\gamma_r + \mu_r)\mu_a a \\
&= a[c_s\gamma_s(\gamma_r + \mu_r) + c_r\gamma_r(\gamma_s + \mu_s) - \mu_a(\gamma_s + \mu_s)(\gamma_r + \mu_r)] - \\
&\quad a(e_s + e_r + a)[c_s\gamma_s(\gamma_r + \mu_r) + c_r\gamma_r(\gamma_s + \mu_s)] \\
&= a\mu_a(\gamma_s + \mu_s)(\gamma_r + \mu_r)(R_{0,1} - 1) \\
&\quad - a(e_s + e_r + a)[c_s\gamma_s(\gamma_r + \mu_r) + c_r\gamma_r(\gamma_s + \mu_s)] \\
&= -a\Big[\mu_a(\gamma_s + \mu_s)(\gamma_r + \mu_r)(1 - R_{0,1}) \\
&\quad (e_s + e_r + a)[c_s\gamma_s(\gamma_r + \mu_r) + c_r\gamma_r(\gamma_s + \mu_s)]\Big]
\end{aligned}$$

Ainsi, $\forall x \in \Omega$, $\dot{V}(x) \leq 0$, $\forall t \geq 0$.

donc $V(x)$ est une fonction de Lyapunov et $\dot{V}(x)$ est semi–définie négative.

L'ensemble des éléments de $\Omega$ tel que $\dot{V} = 0$ est $S = \{(e_s, e_r, a) \in \Omega : a = 0\}$. Le plus grand ensemble positivement invariant contenu dans $S$ est le singleton $E_0$. Donc, d'après le théorème d'invariance de LaSalle, toute solution d'une condition initiale prise dans $\Omega$ converge vers $E_0$. Ainsi, $E_0$ est globalement asymptotiquement stable.

**Remarque 12.**

*L'utilisation de la fonction de Lyapunov nous a permis de conclure sur la stabilité de $E_0$ dans le cas où $R_{0,1} = 1$, ce qui n'était pas possible avec l'étude de la stabilité locale.*

### 4.2.2 Analyse du sous-système actif en période de non reproduction sexuée

Ce sous-système est donné par le système (2.11) que nous rappelons ici :

$$\begin{cases} \dot{e}_s = -(\gamma_s + \mu_s)e_s \\ \dot{e}_r = c_r a(1 - e_s - e_r - a) - (\gamma_r + \mu_r)e_r \\ \dot{a} = \gamma_s e_s + \gamma_s e_r - \mu_a a \end{cases}$$

Rappelons que pour ce sous-système le taux de reproduction de base est donné par le paramètre $R_{0,r}$.

$$R_{0,r} = \frac{c_r \gamma_r}{\mu(\gamma_r + \mu_r)}$$

Nous énonçons le résultat suivant qui est un corollaire de la proposition 17

**Corollaire 8.**

*a) Si $R_{0,r} < 1$, $E_0 = (0,0,0)$ est localement asymptotiquement stable dans le domaine $\Omega$.*

*b) Si $R_{0,r} > 1$, l'équilibre $E_0$ est instable et l'équilibre $E_2 = (0, e_r^*, a^*)$ est localement asymptotiquement stable.*

Nous énonçons le premier résultat de convergence vers $E_0$ qui n'est rien d'autre qu'un corollaire de la proposition 18 puisque la fonction de Lyapunov utilisée pour la démonstration de cette proposition est valable pour sa démonstration.

**Corollaire 9.**

*Le point d'équilibre $E_0 = (0,0,0)$ du sous-systèmes (2.11) est globalement asymptotiquement stable dans le domaine $\Omega$ si et seulement si $R_{0,r} \leq 1$.*

**Proposition 19.**

Si $R_{0,r} > 1$, l'équilibre positif $E_2 = (0, e_r^*, a^*)$ du sous–système (2.11) est globalement asymptotiquement stable.

*Preuve.*

Pour montrer que $E_2$ est globalement asymptotiquement stable, nous appliquons le théorème de Thieme 23. Le systèmes correspondants est :

$$\begin{cases} \dot{e}_s = -(\gamma_s + \mu_s)e_s, \\ \dot{e}_r = c_r a(1 - e_s - e_r - a) - (\gamma_r + \mu_r)e_r, \\ \dot{a} = \gamma_s e_s + \gamma_r e_r - \mu_a a. \end{cases} \quad (4.15)$$

et son système limite est

$$\begin{cases} \dot{e}_r = c_r a(1 - e_r - a) - (\gamma_r + \mu_r)e_r, \\ \dot{a} = \gamma_r e_r - \mu_a a. \end{cases} \quad (4.16)$$

Nous considérons le domaine d'étude suivant

$$\Omega_1 = \{(e_r, a) \ / \ e_r, a > 0, e_r + a \leq 1\}$$

Dans ce cas $m = 1$ et $n = 2$. La matrice $A$ est $[-(\gamma_s + \mu_s)]$. Ainsi, il est claire que **H1** est satisfaite. Le système (4.16) a deux points d'équilibre $P_0(0,0)$ et $P_1 = \left( \dfrac{\mu_a}{\gamma_r} \dfrac{R_{0,r} - 1}{\gamma_r + \mu_a}, \dfrac{\gamma_r}{\mu_a} \dfrac{R_{0,r} - 1}{\gamma_r + \mu_a} \right)$. $\Omega_1$ est un ensemble positivement invariant et le point d'équilibre $P_1$ est hyperbolique.

Nous avons montré dans le chapitre 3 (propositions 14 et 15) que $P_1$ est localement asymptotiquement stable et la dimension de sa variété stable est 2.

La stabilité de $P_1$ exclue la possibilité d'avoir une partie de chaîne d'équilibres ( cf. chapitre 3 proposition 16). $P_0$ est répulsif et n'a pas de variété stable, et ne peut pas faire partie de chaîne d'équilibres. Ainsi, **H3**, **H4** et **H5** sont satisfaites.

Nous avons déjà montré dans le chapitre précédent que toute solution de (4.16) converge vers le point d'équilibre $P_1$.

D'après le théorème de Thieme 23, l'équilibre $E_2$ est globalement asymptotiquement stable.

$\boxtimes$

### 4.2.3 Analyse du modèle dans le cas non autonome

Considérons maintenant le système non autonome à trois dimensions

$$\begin{cases} \dot{e}_s = \tilde{c}_s(t)a(1 - e_s - e_r - a) - (\gamma_s + \mu_s)e_s \\ \dot{e}_r = c_r a(1 - e_s - e_r - a) - (\gamma_r + \mu_r)e_r \\ \dot{a} = \gamma_s e_s + \gamma_s e_r - \mu_a a \end{cases} \quad (4.17)$$

où

$$\tilde{c}_s(t) = \begin{cases} c_s, & \text{si } t \in [iT, (i+\alpha_i)T[, \\ 0, & \text{si } t \in [(i+\alpha_i)T, (i+1)T], \end{cases}$$

avec $\alpha_i T$, $0 \leq \alpha_i \leq 1$ ($i \in \mathbb{N}$) est la fraction de l'année $i$ durant laquelle la reproduction sexuée s'effectue. Notons que ce système admet $E_0$ comme unique solution d'équilibre.

**Proposition 20.**
Soit $R_0(t) = \dfrac{\tilde{c}_s(t)\gamma_s}{\mu_a(\gamma_s + \mu_s)} + \dfrac{c_r \gamma_r}{\mu_a(\gamma_r + \mu_r)}$, $\forall t \geq 0$. Le point d'équilibre $E_0$ est uniformément stable pour le système (4.17) dans le domaine $\Omega$ si $R_0(t) \leq 1$.

*Preuve.*

On suppose $R_0(t) \leq 1, \forall t \geq 0$. Considérons la fonction de Lyapunov $V$ :

$$\begin{aligned} V: \quad & \mathbb{R}_+ \times \Omega \longrightarrow \mathbb{R} \\ & x = (e_s, e_r, a) \longmapsto a_1 e_s + a_2 e_r + a_3 a, \end{aligned}$$

avec

$$a_1 = \gamma_s(\gamma_r + \mu_r) > 0, \quad a_2 = \gamma_r(\gamma_s + \mu_s) > 0 \quad \text{et} \quad a_3 = (\gamma_s + \mu_s)(\gamma_r + \mu_r) > 0.$$

Nous avons $V$ qui est continue et définie positive. Soit $W_1 = W_2 = V$, on a

$$W_1(x) \leq V(t,x) \leq W_2(x) \quad (4.18)$$

$\dot{V}(t,x)$ est semi–définie négative si $R_0(t) \leq 1, \forall t \geq 0$, en effet,

$$\begin{aligned}
\dot{V}(x,t) &= \frac{\partial V}{\partial x} f(x,t) + \frac{\partial V}{\partial t} \\
&= \gamma_s(\gamma_r + \mu_r)\dot{e}_1 + \gamma_r(\gamma_s + \mu_s)\dot{e}_r + (\gamma_s + \mu_s)(\gamma_r + \mu_r)\dot{a} \\
&= \tilde{c}_s(t)\gamma_s(\gamma_r + \mu_r)(1 - e_s - e_r - a)a - (\gamma_r + \mu_r)(\gamma_s + \mu_s)\gamma_s e_s \\
&\quad + c_r\gamma_r(\gamma_s + \mu_s)(1 - e_s - e_r - a)a - (\gamma_s + \mu_s)(\gamma_r + \mu_r)\gamma_r e_r \\
&\quad + (\gamma_s + \mu_s)(\gamma_r + \mu_r)\gamma_s e_s + (\gamma_s + \mu_s)(\gamma_r + \mu_r)\gamma_r e_r \\
&\quad - (\gamma_s + \mu_s)(\gamma_r + \mu_r)\mu_a a \\
&= a[\tilde{c}_s(t)\gamma_s(\gamma_r + \mu_r) + c_r\gamma_r(\gamma_s + \mu_s) - \mu_a(\gamma_s + \mu_s)(\gamma_r + \mu_r)] - \\
&\quad a(1 - e_s - e_r - a)[\tilde{c}_s(t)\gamma_s(\gamma_r + \mu_r) + c_r\gamma_r(\gamma_s + \mu_s)] \\
&= a\mu_a(\gamma_s + \mu_s)(\gamma_r + \mu_r)(R_0(t) - 1) \\
&\quad - a(1 - e_s - e_r - a)[\tilde{c}_s(t)\gamma_s(\gamma_r + \mu_r) + c_r\gamma_r(\gamma_s + \mu_s)]
\end{aligned}$$

Ainsi, $\dot{V}(x,t) \leq 0$

Par conséquent, en appliquant le théorème 21, nous déduisons que le point d'équilibre $E_0$ est un point d'équilibre uniformément pour le le système (4.17) si $R_0(t) \leq 1$.

### 4.2.4 Notion de fonction de Lyapunov commune

On s'intéresse à la famille composée des sous-systèmes suivants :

$$\dot{x} = f_i(x), \quad x \in \mathcal{X} \subset \mathbb{R}^n, i \in \Gamma. \tag{4.19}$$

Pour cette approche, afin de montrer le théorème 24, des conditions sur les champs de vecteurs sont introduites. La famille de systèmes (4.19) vérifie les deux hypothèses suivantes :

**H'1** la famille est équibornée, i.e. $\sup_{i \in \Gamma} ||f_i(x)|| < +\infty$ pour tout $x$,

**H'2** la famille est localement uniformément lipchitzienne, i.e. pour tout $\delta \in \mathbb{N}$, il existe $l_\delta > 0$ tel que

$$||f_i(x) - f_i(y)|| \leq l_\delta ||x - y||$$

pour tout $(x, y) \in \mathcal{B}^n(\delta) \times \mathcal{B}^n(\delta)$ et tout $i \in \Gamma$

Pour l'ensemble borné $\Gamma$ considéré ici, ces hypothèses sont satisfaites ; elles deviennent nécessaires dans le cas où $\Gamma$ est dénombrable.

On rappelle ici la définition d'une fonction de Lyapunov commune :

**Définition 41.** *[56]*

*Soit $\mathcal{V}$, un ouvert contenant l'origine.*
*Une fonction de Lyapunov commune $V$ pour la famille (4.19) est une fonction, $V : \mathcal{X} \subset \mathbb{R}^n \longrightarrow \mathbb{R}_+$ de classe $C^1$, telle qu'il existe deux fonctions $\alpha_1$ et $\alpha_2$ de classe $\mathcal{K}_\infty$ et une fonction $\alpha_3$ continue et définie semi-positive, vérifiant :*

1. $\alpha_1(||x||) \leq V(x) \leq \alpha_2(||x||), \forall x \in \mathcal{X}$,
2. $\langle \nabla V(x), f_i(x) \rangle \leq -\alpha_3(||x||), \forall\, x \in \mathcal{X}, \forall\, i \in \Gamma$.

L'intérêt d'une fonction de Lyapunov commune est que son existence est une condition nécessaire et suffisante de stabilité uniforme.

**Théorème 24.** *[56]*

*Supposons les hypothèses **H'1** et **H'2** satisfaites. Le système (4.19) est uniformément asymptotiquement stable si et seulement si il existe une fonction de Lyapunov commune pour la famille (4.19).*

Le modèle général (4.17) est un système dynamique à comutation composé de deux sous-systèmes qui vérifient chacun les hypothèses **H'1** et **H'2**. On remarque que c'est la même fonction de Lyapunov qui est utilisée pour démontrer la stabilité globale de l'équilibre $E_0$ pour chacun des deux sous–systèmes. Ainsi, cette fonction de Lyapunov est commune. Le résultat de la proposition 20 peut être considéré comme une interprétation de l'existence d'une fonction de Lyapunov commune aux deux sous-systèmes. Par conséquent, le théorème précédent permet de conclure sur la stabilité ayamptotique et uniforme de l'équilibre nul.

## 4.3 Théorie de la moyennisation et stabilité globale de l'équilibre nul du modèle 3D

Dans la section précédente, nous avons donné une condition de stabilité uniforme de l'équilibre nul du modèle général de dimension trois. En interprétant cette condition, on peut dire que si les deux sous-systèmes sont globalement asymptotiquement stables, le modèle général de dimension trois est uniformément stable. Ce résultat est plus faible que celui obtenu au chapitre 3 en appliquant la théorie de Floquet avec le modèle simplifié de dimension deux.

Dans cette section, pour établir un résultat similaire à celui obtenu au chapitre 3 avec la théorie de Floquet, nous appliquons la théorie de moyennisation sur le modèle de dimension trois. Notons que pour la dimension trois, la théorie de moyennisation nous donne dans certains cas une condition de stabilité asymptotique de la solution nulle plus forte que celle obtenue avec la fonction de Lyapunov.

### 4.3.1 Théorie de la moyennisation

Soient $x \in \mathbb{R}^d, t \in \mathbb{R}$ et $\epsilon > 0$ est un paramètre réel destiné à tendre vers 0. La moyennisation concerne d'un point de vue asymptotique, la construction de solutions approximatives, essentiellement du premier ordre, d'EDO rapidement oscillantes en la variable temps, qui se ramène à la forme

$$\dot{x} = \epsilon f(t, x, \epsilon) \tag{4.20}$$

A cette équation (4.20) est associée l'EDO autonome suivante

$$\dot{y} = \epsilon \bar{f}(y) \tag{4.21}$$

où $\bar{f}(y) = \dfrac{1}{T} \displaystyle\int_0^T f(t, y, \epsilon) dt$ est obtenue à partir du système (4.20) en prenant la moyenne, dont on suppose l'existence, par rapport à la variable temps. Le principe de la méthode consiste alors à affirmer que le comportement d'une trajectoire du système (4.20) est très proche de celui de la trajectoire du système (4.21), issue de la même condition initiale (ou même d'une condition initiale proche de celle de la première trajectoire), sur des intervalles finis du temps.

### 4.3.2 Approximation

Soit $0 \leq \epsilon \ll 1$. On considère une fonction $f : t \longmapsto f(x, t, \epsilon)$ régulière en $x$ et $T$-périodique. La forme particulière du système (4.20) est dite forme standard dans le jargon de la moyennisation. On note ici la dépendance en temps de $f$. L'objectif est d'approximer les solutions du problème original par celles d'un système indépendant du temps. Nous cherchons à introduire un changement de coordonnées qui rendent le système (4.20) en un système indépendant du temps. Puisque l'identité est un changement de coordonnées répondant à l'objectif lorsque $\epsilon = 0$, cherchons celui-ci sous la forme $x \longmapsto x + \epsilon w(x, t, \epsilon)$. Dans ce cas $w$ doit être trouvé pour que $\dfrac{d}{dt}(x + \epsilon w(x, t, \epsilon))$ soit indépendant de $t$ au moins au premier ordre en $\epsilon$, i.e. la limite

$$\lim_{\epsilon \to 0} \frac{1}{\epsilon} \left[ \epsilon f(x, t, \epsilon) + \epsilon \left[ \frac{\partial w}{\partial t}(x, t) + \frac{\partial w}{\partial x}(x, t) f(x, t, \epsilon) \right] \right]$$

doit être indépendante de $t$. Ceci donne :

$$f(x,t,0) + \frac{\partial w}{\partial t}(x,t) = \bar{f}(x),$$

où $\bar{f}(x)$ est une fonction arbitraire. Nous obtenons :

$$w(x,t) = \int_0^t \left[f(x,s,0) - \bar{f}(x)\right] ds.$$

Nous remarquons alors que la fonction $w$ ainsi obtenue est $T$-périodique en $t$ si $\forall\ t$,

$$\int_t^{t+T} \left[f(x,s,0) - \bar{f}(x)\right] ds = 0.$$

Donc, si la fonction $\bar{f}$ est choisie comme la moyenne en $t$ de $f$,

$$\bar{f}(x) = \frac{1}{T} \int_0^T f(x,t,0) dt$$

En conclusion, nous pouvons nous attendre à ce que les solutions $X(x,t,\epsilon)$ du système (4.20) soient, après changement de coordonnées et au moins au premier ordre en $\epsilon$ solution de :

$$\dot{y} = \epsilon \bar{f}(y) \tag{4.22}$$

dit système moyenné du système (4.20). Ces solutions sont notées $Y(y,t,\epsilon)$. De façon plus rigoureuse, nous énonçons dans la partie qui suit un résultat de la mèthode asymptotique : " la mèthode de la moyenne" donné par Maurice Roseau dans [61].

Soient $K$ un compact, $J$ un interval réel $J = ]0,a] \subset \mathbb{R}_+$, $a > 0$ et $f$ une fonction défine sur $\mathbb{R}_+ \times K \times J$

**Théorème 25.** *[61, chap .4 page 54]*

*Supposons que $f$ est mesurable en $t$ pour tout $(x,\epsilon)$ fixé, continu en $x$ pour tout $t$ fixé, presque partout sur $\mathbb{R}_+$. Soient $y$ la solution du problème moyennisé (4.22) et $I = [0,w[, 0 < w \leq \infty$, son demi-intervalle positif maximal d'existence. Alors, pour tout $L$ dans $I$ et tout $\delta > 0$ si $\epsilon$ est assez petit, il existe $\epsilon_0 = \epsilon_0(L,\delta)$ tel que pour tout $\epsilon$ dans $]0,\epsilon_0]$, toute solution $x$ de l'équation (4.20) à valeur initiale $y_0$ à $t = 0$, est définie au moins sur l'intervalle $[0,L]$ et vérifie l'inégalité $|x(t) - y(t)| < \delta$ pour tout $t$ dans $[0,L]$.*

**Théorème 26.** *[63, chap .6]*

*Lorsque le système moyennisé (4.22) possède un équilibre $\bar{y}$ hyperbolique, alors le système initial (4.20) possède une solution périodique dans un voisinage de cet équilibre et sa stabilité est la même que celle de l'équilibre $\bar{y}$.*

### 4.3.3 Application à la stabilité de l'équilibre nul du système de dimension trois.

On s'intéresse dans cette partie à l'étude de la stabilité globale de l'équilibre nul. En effet, trouver une condition qui permet d'obtenir la stabilité asymptotique de cet équilibre est important du point de vue écologique puisque réduire la prolifération du *Typha* fait partie des objectifs de cette thèse. Nous transformons le modèle de dimension trois en EDO rapidement oscillante. L'échelle de temps rapide correspondante à des fluctuations du système est de l'ordre d'une période c'est-à-dire une année (cycle saison des pluies / saison sèche). L'échelle de temps lente correspondante au temps d'observation est de l'ordre d'une dizaine d'années.

**Transformation en forme standard**

Pour pouvoir appliquer le principe de la moyennisation développé précédemment nous devons réécrire le modèle dimension trois sous la forme standard (4.20).

Considérons le système de dimension trois sous la forme suivante :

$$\begin{cases} \dot{e}_s = \tilde{c}_s(t)a(1-y) - (\gamma_s + \mu_s)e_s \\ \dot{e}_r = c_r a(1-y) - (\gamma_r + \mu_r)e_r \\ \dot{a} = \gamma_s e_s + \gamma_r e_r - \mu_a a \end{cases} \quad (4.23)$$

Où $\tilde{c}_s$ est une fonction périodique de période $T$.

Dans ce paragraphe nous remarquons que les paramètres du système sont petits, ce qui est notre cas car $\gamma_r = \dfrac{1}{6}$ est le plus grand paramètre.

Ainsi, supposons que donc que les coefficients du modèle (4.23) s'écrivent sous la forme

$$\tilde{c}_s = \epsilon \tilde{c}_s^*, \quad c_r = \epsilon c_r^*, \quad \gamma_s = \epsilon \gamma_s^*, \quad \mu_s = \epsilon \mu_s^*, \quad , \gamma_r = \epsilon \gamma_r^*, \quad \mu_r = \epsilon \mu_r^*, \quad \mu_a = \epsilon \mu_a^*.$$

avec $\epsilon > 0$ petit. Nous obtenons le système suivant :

$$\begin{cases} \dot{e}_s = \epsilon\Big[\tilde{c}_s^*(t)a(1-y) - (\gamma_s^* + \mu_s^*)e_s\Big] \\ \dot{e}_r = \epsilon\Big[c_r^*a(1-y) - (\gamma_r^* + \mu_r^*)e_r\Big] \\ \dot{a} = \epsilon\Big[\gamma_s^* e_s + \gamma_r^* e_r - \mu_a^* a\Big] \end{cases}$$

Pour ne pas alourdir les notations, nous pouvons supprimer les étoiles et écrire de nouveau ce suystème sous la forme suivante

$$\begin{cases} \dot{e}_s = \epsilon\Big[\tilde{c}_s(t)a(1-y) - (\gamma_s + \mu_s)e_s\Big] \\ \dot{e}_r = \epsilon\Big[c_r a(1-y) - (\gamma_r + \mu_r)e_r\Big] \\ \dot{a} = \epsilon\Big[\gamma_s e_s + \gamma_r e_r - \mu_a a\Big] \end{cases} \quad (4.24)$$

Le résultat principal de moyennisation du théorème 25, s'applique dans le cas où $\epsilon$ est petit ($\epsilon < 1$), le système (4.24) admet comme système moyennisé

$$\begin{cases} \dot{e}_s = \epsilon\Big[\bar{c}_s a(1-y) - (\gamma_s + \mu_s)e_s\Big] \\ \dot{e}_r = \epsilon\Big[c_r a(1-y) - (\gamma_r + \mu_r)e_r\Big] \\ \dot{a} = \epsilon\Big[\gamma_s e_s + \gamma_r e_r - \mu a\Big] \end{cases} \quad (4.25)$$

avec $\quad \bar{c}_s = \dfrac{1}{T}\displaystyle\int_0^T \tilde{c}_s(t)dt = \alpha c_s.$

En termes d'échelles de temps, introduisons le nouveau temps $\tau = \epsilon t$. Le temps $\tau$ est donc un temps beaucoup plus lent que le temps $t$. On a

$$x_i' = \frac{dx_i}{d\tau} = \frac{dx_i}{dt}\frac{dt}{d\tau} = \frac{1}{\epsilon}\dot{x}_i$$

À l'échelle de temps $\tau = \epsilon t$ le système (4.25) s'écrit

$$\begin{cases} e'_s = \bar{c}_s a(1-y) - (\gamma_s + \mu_s)e_s \\ \\ e'_r = c_r a(1-y) - (\gamma_r + \mu_r)e_r \\ \\ a' = \gamma_s e_s + \gamma_r e_r - \mu a \end{cases} \qquad (4.26)$$

De la section précédente, nous avons la stabilité asymptotique du système qui est gouvernée par le paramètre

$$R_{0,\alpha} = \frac{\bar{c}_s \gamma_s}{\mu_a(\gamma_s + \mu_s)} + \frac{c_r \gamma_r}{\mu_a(\gamma_r + \mu_r)} = \alpha \frac{c_s \gamma_s}{\mu_a(\gamma_s + \mu_s)} + \frac{c_r \gamma_r}{\mu_a(\gamma_r + \mu_r)}.$$

Ainsi, pour un temps infini nous avons la stabilité globale du système (4.26).

**Proposition 21.**

*Si $R_{0,\alpha} \leq 1$ alors l'origine du système (4.25) est globalement asymptotiquement stable dans $\Omega$, et il existe une solution périodique globalement symptotiquement stable du système (4.24) au voisinage de l'origine.*

*Preuve*

**Etape 1** Supposons que $R_{0,\alpha} \leq 1$.

Comme le système (4.26) est similaire au sous système (2.10), d'après la proposition 18, du système (4.25) est globalement asymptotiquement stable.

**Etape 2** Par la théorie de moyennisation nous avons : Les solutions du système (4.24) sont approximé par les solutions du systèms (4.25) pour des intervals de temps fini (théorème 5.5.1 in [63]).

**Etape 3** Comme l'origine du système (4.25) est hyperbolique and globalement asymptotiquement stable, l'approximation est valable pour des temps infini.

**Remarque 13.**

*Le paramètre $R_{0,\alpha}$ s'écrit :*

$$R_{0,\alpha} = \alpha R_{0,1} + (1-\alpha)R_{0,r}.$$

*Une conséquence de ce résultat est : si les deux sous-systèmes sont stables le système à commutation est stable et cela est dû au fait que la somme convexe de $R_{0,1} < 1$ et $R_{0,r} < 1$ ne peut être supérieure*

# CHAPITRE 4. ANALYSE ASYMPTOTIQUE DU MODÈLE À COMMUTATION DE DIMENSION TROIS

à 1. Une autre conséquence de ce résultat est si l'un au moins des sous-système est stable, on peut avoir une stabilité asymptotique du modèle de dimension trois.

**Simulations numériques**

On considère les valeurs des coefficients suivants :

$$c_s = 0.002; \quad c_r = 0.012, \quad \gamma_r = \frac{1}{6}, \quad \gamma_s = \frac{1}{8}, \quad \mu_s = \mu_r = \frac{1}{24}, \quad \mu_a = \frac{1}{72}, \quad T = 12, \quad \alpha = \frac{1}{3}.$$

Pour une année $k \in \mathbb{N}$ nous avons donc

$$\tilde{c}_s(t) = \begin{cases} c_s, & \text{si } t \in \left[12k, (k+\frac{1}{3})\,12\right), \\ 0, & \text{si } t \in \left[(k+\frac{1}{3})\,12, (k+1)\,12\right], \end{cases}$$

Pour ces coefficients nous avons $R_{0,moyen} = 0.7272 < 1$.

On peut écrire le système sous la forme $\dot{x} = \epsilon f(t,x)$

$$\begin{cases} \dot{e}_s = \dfrac{1}{6}\left[\tilde{c}_s(t)a(1-y) - \left(\dfrac{3}{4}+\dfrac{1}{4}\right)e_s\right] \\[2mm] \dot{e}_r = \dfrac{1}{6}\left[0.002\,a(1-y) - \left(1+\dfrac{1}{4}\right)e_r\right] \\[2mm] \dot{a} = \dfrac{1}{6}\left[\dfrac{3}{4}e_s + e_r - \dfrac{1}{12}a\right] \end{cases}$$

Les simulations suivantes illustrent bien ce résultat.

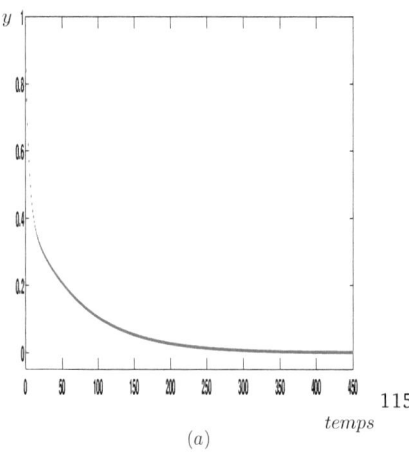

(a) *temps*

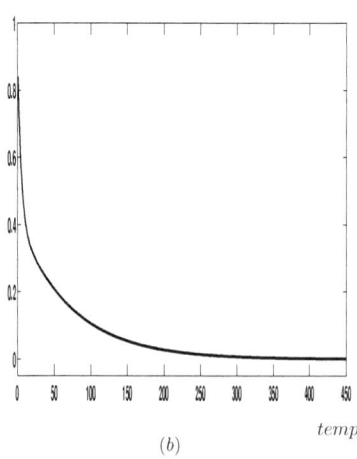

(b) *temps*

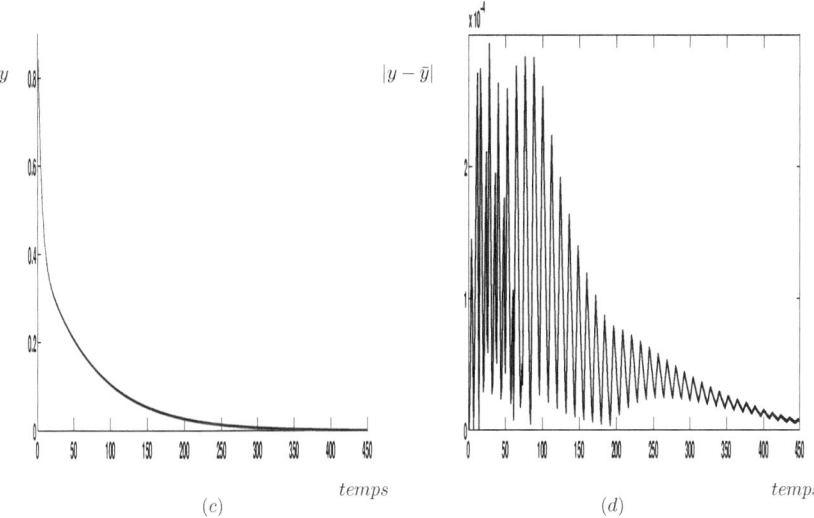

(c)         temps         (d)         temps

FIGURE 4.3 – (a) Évolution au cours temps de la population totale $y = e_s + e_r + a$ du système moyennisé avec la condition initiale $Y_0 = (0.12, 0.45, 0.27)$. (b) Évolution au cours du temps de la population totale du système à commutation avec la condition initiale $Y_0 = (0.12, 0.45, 0.27)$. (c) Superposition des deux courbes (a) et (b). (d) Évolution au cours temps de l'erreur d'approximation des deux solutions issues de la même condition initiale. Avec les valeurs des paramètres nous obtenons $R_{0,1} = 0.108, R_{0,r} = 0.6912$ et $R_{0,\alpha} = 0.7272$. Noter que dans (d) l'échelle des ordonnées est multipliée par $10^{-4}$. (d) montre que les majorants de l'erreur d'approximation définis dans le théorème 25 sont de puissance $10^{-4}$ et atteignent au cours du temps des puissances plus petites. Ainsi, asymptotiquement l'approximation devient plus juste.

On peut constater, à l'examen de la comparaison graphique, que l'approximation par la moyennisation fournit un résultat satisfaisant si $R_{0,\alpha} < 1$.

Considèrons maintenant les valeurs des paramètres suivant

$$c_s = 0.002; \quad c_r = 0.012, \quad \gamma_r = \frac{1}{6}, \quad \gamma_s = \frac{1}{8}, \quad \mu_s = \mu_r = \frac{1}{24}, \quad \mu_a = \frac{1}{72}, \quad T = 12, \quad \alpha = \frac{1}{3}.$$

Nous représentons les courbes $R_{0,\alpha}$ et $\rho(M)$ en fonction de $\alpha$ et nous les comparons.

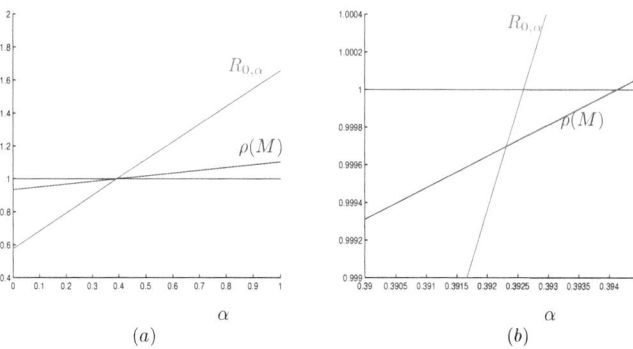

FIGURE 4.4 – $\rho(M)$ et $R_{0,\alpha}$ en fonction de $\alpha$.

Figure 4.4 (b) représente le zoom de la figure 4.4 (a) au voisinage des intersections. Nous notons que les courbes ne se coupent pas aux mêmes endroit. La courbe $R_{0,\alpha}$ coupe la droite $y = 1$ avant la courbe $\rho(M)$. Par consequent, nous concluons qu'il existe certaines valeurs des paramètres telles que $R_{0,\alpha} > 1$ et $\rho(M) < 1$. Ainsi $R_{0,\alpha} < 1$ est une condition suffisante de stabilité de l'équilibre trivial du système à commutation. Nous montrons dans la suite que ceci est une conséquence de la theorie de moyennisation.

S nous choisissons $\alpha$ tel que $R_{0,\alpha} > 1$ et $\rho(M) < 1$, le système (4.25) ne converge pas vers l'équilibre trivial mais vers l'équilibre positive $E_m$. La méthode de moyennisation appliquée conclus que le système (4.24) converges vers une solution périodique au voisinage de $E_m$.
La théorie de Floquet indique une convergence du système (4.24) vers l'équilibre trivial. Ceci n'est pas une contradiction parce que la solution periodique solution dans le voisinage de $E_m$ est la solution triviale.
Pr exemple si $\alpha = 0,393$, nous avons

$$E_m = (1,8931.10^{-5}, 1,9269.10^{-5}, 4,0161.10^{-4})$$

## Conclusion

Nous avons étudié dans ce chapitre la stabilité asymptotique de l'équilibre nul de chaque sous-système qui compose le modèle de dimension trois à l'aide des fonctions de Lyapunov. Celles-ci sont un outil très puissant pour résoudre les problèmes de stabilité des systèmes non linéaires. Une condition nécessaire et suffisante de stabilité de l'équilibre nul de chaque sous-système est que le taux de reproduction de base correspondant soit inférieur à 1. Il semble difficile d'obtenir une condition nécessaire et suffisante de stabilité de l'équilibre positif du sous-système (2.10). Nous avons ensuite montré la stabilité asymptotique de l'équilibre positif du sous-système (2.11) à l'aide du théorème de Thieme sur la théorie des systèmes asymptotiquement autonomes. Après l'étude séparée des sous-systèmes du modèle qui est nécessaire mais pas suffisante pour conclure sur la stabilité du modèle à commutation de dimension trois, nous avons établi l'uniforme stabilité de l'équilibre nul du modèle de dimension trois à l'aide de la théorie des fonctions de Lyapunov non autonomes. Enfin, avec la théorie de la moyennisation nous avons donné un résultat plus fort que celui établi par la théorie des fonctions de Lyapunov. En effet, celui fourni par Lyapunov ne donne pas une information sur la stabilité de l'équilibre nul du modèle de dimension trois si l'un des deux sous-systèmes qui compose le modèle est instable. Elle montre seulement que si les deux sous-systèmes sont stables le modèle de dimension trois est stable. Par contre, la théorie de moyennisation va plus loin il donne en plus de cela la possibilité de stabilité asymptotique de l'équilibre nul si l'un des deux sous-système est instable. Le paramètre $R_{0,\alpha}$ qui gouverne la stabilité de cet équilibre est la moyenne des taux de reproduction de base $R_{0,1}$ et $R_{0,r}$ respectivement des deux sous-systèmes (2.10) et (2.11) pondérés par leur temps d'active en une période.

# Chapitre 5

# Existence de cycle limite hybride stable pour le modèle à commutation 2D de la prolifération du *Typha*

**Contents**

    5.1. Concepts et définitions de cycle limite hybride . . . . . . . . . . . . . . . . 121

    5.2. Existence d'un cycle limite hybride . . . . . . . . . . . . . . . . . . . . . . 123

        5.2.1. Présentation de l'approche géométrique dans $\mathbb{R}^2$ . . . . . . . . . . . . 123

        5.2.2. Application au Modèle à commutation 2D de la prolifération du *Typha* . 128

# Introduction

Le modèle 2D de la prolifération du *Typha* est une version simplifiée du modèle 3D construit dans le chapitre 2 pour décrire la croissance du *Typha* selon une reproduction saisonnière de jeunes pousses issues des graines et celles provenant des rhizomes qui peuvent avoir lieu durant toute l'année. Ce modèle est un SDC de dimension deux composé de deux sous-systèmes qui commutent de manière autonome en fonction des conditions climatiques et environnementales. Le premier sous-système représente la dynamique de croissance du *Typha* lors de la reproduction saisonnière sexuée combinée au développement de jeunes plantes provenant des rhizomes. Le second système décrit l'évolution du *Typha* avec seulement l'émergence de jeunes pousses issues des rhizomes. En plus de l'impact du climat, la durée des commutations peut être changée par la mise en place d'une stratégie de lutte à l'image de l'opérateur dans la commande d'un système hybride en automatique.

Des simulations numériques ont montré que le modèle de la prolifération du *Typha* converge vers l'équilibre nul lorsque $R_{0,\alpha} < 1$. Ce résultat a été démontré du point de vue théorique dans le chapitre 3 par l'application de la théorie de Floquet au modèle 2D. Dans le cas où les valeurs de $R_{0,\alpha} > 1$ ou la durée de la commutation saisonnière $\alpha$ est supérieure à une valeur critique $\alpha_c$, nous avons montré numériquement que le modèle à commutation du *Typha* converge vers un cycle limite. Avec la théorie de Floquet, nous ne sommes pas arrivés à démontrer ce résultat du point de vue théorique.

Dans ce chapitre, nous abordons l'étude théorique d'un cycle limite hybride pour le modèle 2D à commutation de la prolifération du *Typha* lorsque $R_{0,\alpha} > 1$. Nous extrayons de [10] et de [11] seulement les outils nous permettant de démontrer ce résultat. Dans [10] ou [11], les principaux objectifs ont été de définir (*i*) un ensemble de points autour duquel, il peut exister un cycle limite hybride et (*ii*) de trouver un cycle respectant les contraintes technologiques (durée minimale entre deux commutations et la bornitude des variables d'états) dans une perspective de synthèse d'une loi de commutation stabilisante d'un système. Nous utilisons seulement les résultats de la première partie qui n'aborde que l'existence du cycle limite hybride puisque la seconde partie aborde l'atteignabilité du cycle à l'aide d'un opérateur. La méthode développée dans ces travaux est une nouvelle méthode qui s'appuie sur une caratérisation des propriétés géométriques des champs de vecteurs de la manière utilisée dans le théorème d'existence d'un cycle limite autour d'un point de fonctionnement $x_d$.

Dans la section 5.1, nous présentons les concepts et les théorèmes utiles pour notre application. Ensuite, nous montrons qu'un cycle limite hybride pour le modèle 2D existe si et seulement si $R_{0,\alpha} > 1$.

## 5.1 Concepts et définitions de cycle limite hybride

La méthode qui nous inspire pour démontrer l'existence d'un cycle limite hybride de notre modèle à commutation 2D de la prolifération du *Typha* lorsque $R_{0,\alpha} > 1$ a été développée dans le cadre de la synthèse d'une loi de commutation ou une fonction de transition qui stabilise le SDC [10]. Cette méthode s'applique à la classe de systèmes composés de deux sous-systèmes d'états explicites continus linéaires ou non linéaires correspondant à deux modes de fonctionnement tels que l'espace d'états n'est pas partitionné et la variable d'état est continue. Précisément, les SDC de ce type sont définis par $\dot{x} = f_q(x)$ et $\dot{x} = f_{q'}(x)$, $x \in \mathbb{R}^n$ où $q$ et $q'$ désignent les deux modes de fonctionnement. Les champs de vecteurs $f_q(x)$ et $f_{q'}(x)$ sont supposés lipschitziens dans $\mathbb{R}^n$ et ne dépendent pas explicitement du temps $t$. L'état d'un tel système est hybride (continu, discret) : $(x, \mathbf{q}) \in \mathbb{R}^n \times L$ avec $L = \{q, q'\}$. On note $(x_0, f_\mathbf{q}(x, \tau_\mathbf{q}))$ avec $\mathbf{q} \in \{q, q'\}$ la solution de l'équation différentielle $\dot{x} = f_\mathbf{q}(x)$ après un temps écoulé $\tau_\mathbf{q}$ et avec la condition initiale, $x(0) = x_0$. C'est le point de l'espace d'états à valeurs réelles atteint par le système au bout d'une durée $\tau_\mathbf{q}$ avec la dynamique du mode de fonctionnement $\mathbf{q}$ et depuis l'état initial $x_0$.

La synthèse d'une loi de commande qui stabilise le système consiste à choisir une commande de commutation stabilisante au voisinage d'un point de fonctionnement $x_d$ désiré. Par exemple, lorsque les deux modes de fonctionnement, $q$ et $q'$ ont respectivement un point d'équilibre $x_{e_q}$ et $x_{e_{q'}}$ (égaux ou différents) globalement asymptotiquement stables, i.e., quelque soit $x_0 \in \mathbb{R}^n$ et $\mathbf{q} \in \{q, q'\}$,

$$\lim_{\tau_\mathbf{q} \to \infty} (x_0, f_\mathbf{q}(x), \tau_\mathbf{q}) = x_{e_\mathbf{q}},$$

alors le point $x_d$ pout être atteint exactement (on peut choisir $x_d = x_{e_q}$ ou $x_d = x_{e_{q'}}$).

Lorsqu'au moins l'un des deux sous-systèmes est instable, on cherche un cycle limite hybride stable autour du point $x_d$. Ce point de fonctionnement est habituellement choisi parmi les points d'équilibre du système moyen associé au SDC. Un cycle limite hybride peut-être définie dans $\mathbb{R}^2$ de la manière suivante.

**Définition 42.** *Soient $x_{c_q}$ et $x_{c_{q'}}$ deux points de $\mathbb{R}^2$ tels que $x_{c_q} \neq x_{c_{q'}}$; $CC(x_{c_q}, x_{c_{q'}})$ est un cycle limite hybride du SDC $\dot{x} = f_\mathbf{q}(x)$ avec $\mathbf{q} \in \{q, q'\}$, entre les points de commutation $x_{c_q}$ et $x_{c_{q'}}$, s'il*

existe $(\tau_{c_q}, \tau_{c_{q'}}) \in \mathbb{R}_+^{*2}$ tel que : $x_{c_q} = (x_{c_{q'}}, f_q(x), \tau_{c_q})$ et $x_{c_{q'}} = (x_{c_q}, f_{q'}(x), \tau_{c_{q'}})$. On peut écrire :
$CC(x_{c_q}, x_{c_{q'}}) = \{(x_{c_{q'}}, f_q(x), \tau_q) \ : \ \tau_q \in \mathbb{R}_+^* \text{ et } 0 \leq \tau_q \leq \tau_{c_{q'}}\} \cup \{(x_{c_q}, f_{q'}(x), \tau_{q'}) \ : \ \tau_{q'} \in \mathbb{R}_+^* \text{ et } 0 \leq \tau_{q'} \leq \tau_{c_{q'}}\}$.

**Remarque 14.** *Un cycle limite hybride est une trajectoire fermée composée de deux dynamiques, contrairement à une orbite périodique dans l'espace d'états qui est générée par une seule dynamique continue (une seule représentation d'états à temps invariant $\dot{x} = f(x)$).*

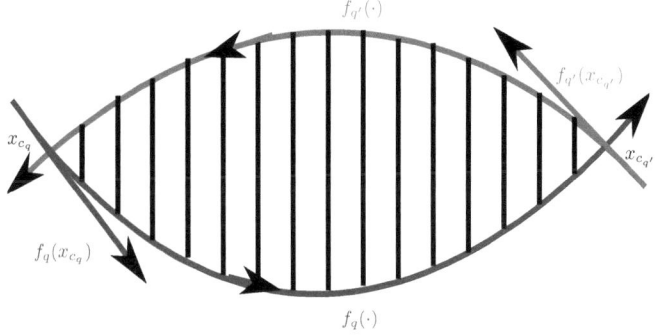

FIGURE 5.1 – Exemple de cycle limite hybride

En d'autres termes, une trajectoire du SDC est continue ; elle est composée d'une succession de trajectoires continues ayant des dynamiques différentes. Par conséquent, un SDC présente une discontinuité du champ de vecteurs aux instants de commutation d'un cycle limite hybride. Cette propriété particulière du champ de vecteurs d'un SDC en présence de cycle limite hybride est complexe à appréhender du point de vue théorique.

Pour démontrer l'existence d'un cycle limite hybride stable d'un SDC, l'approche de caractérisation géométrique du champ de vecteurs du SDC dans le plan permet de surmonter certaines difficultés [10]. Dans la section ci-dessous, nous présentons cette approche de caractérisation géométrique avant de l'appliquer au modèle 2D.

## 5.2 Existence d'un cycle limite hybride

### 5.2.1 Présentation de l'approche géométrique dans $\mathbb{R}^2$

Commençons par rappeler les deux notions suivantes.

**Définition 43 (Courbe paramétrée et transversalité ).**

*(a) Soit $x(t)$ une solution d'un système dynamique continu définie sur un interval $I$. Le graphe $t \longmapsto (t, x(t))$ est dit courbe paramétrée.*

*(b) Deux droites dans le plan $\mathbb{R}^2$ sont transverses lorsqu'elles sont sécantes. Deux courbes dans le plan sont transverses en un point commun si elles n'y sont pas tangentes, i.e., si leurs tangentes en ce point sont des droites transverses.*

En géométrie plane, cette définition de la transversalité de deux courbes par les champs de vecteurs $f_q$ et $f_{q'}$ en un point $z$, peut être illustré par les exemples dans la figure 5.2.

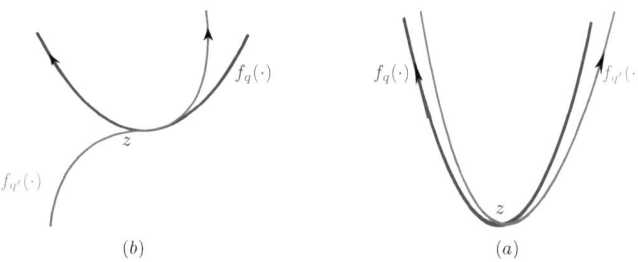

FIGURE 5.2 – Exemples de trajectoires transverses en un point $z \in E$ de deux champs de vecteurs $f_q(\cdot)$ et $f_{q'}(\cdot)$ dans $\mathbb{R}^2$.

La figure 5.3 donne deux exemples de courbes non transverses.

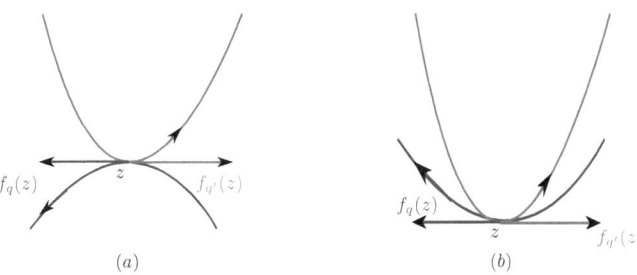

FIGURE 5.3 – Exemples de trajectoires non transverses en un point $z \in E$ de deux champs de vecteurs $f_q(\cdot)$ et $f_{q'}(\cdot)$ dans $\mathbb{R}^2$.

Le théorème suivant donne une caractérisation analytique de la (non) transversalité de deux courbes.

**Théorème 27.** *[11]*

*Soit $H_{\mathbf{q}}(t) : \mathbb{R} \longrightarrow \mathbb{R}^2, \mathbf{q} \in \{q, q'\}$, les représentations paramétriques des trajectoires respectives des champs de vecteurs $f_q(\cdot)$ et $f_{q'}(\cdot)$. Soit $H_{\mathbf{q}}^{(n)}(z)$ la nième différentielle de $H_{\mathbf{q}}$.*

*$H_q$ et $H_{q'}$ sont transverses en un point $z$ si et seulement si*

$$n_0 = \min\left\{n \in \mathbb{N} / H_q^{(n)}(z) \neq H_{q'}^{(n)}(z)\right\}$$

*est impaire.*

**Preuve :**

Soit $H_q(\mathbb{R})$ et $H_{q'}(\mathbb{R})$ les courbes paramétrées par $t$ décrivant les trajectoires solutions des champs de vecteurs respectivement $f_q(\cdot)$ et $f_{q'}(\cdot)$. Soit $z \in \mathbb{R}^2$ un point de passage des deux courbes $H_q$ et $H_{q'}$. Avec un changement d'origine en $z$ (ceci en temps et de l'espace), et au voisinage de cette nouvelle origine on peut écrire :

$$\begin{cases} H_q(0) = H_{q'}(0) = z, \\\\ H_q(t) = x_d + tH_q^{'}(0) + \frac{t^2}{2}H_q^{''}(0) + \frac{t^3}{6}H_q^{'''}(0) + \ldots \\\\ H_{q'}(t) = x_d + tH_{q'}^{'}(0) + \frac{t^2}{2}H_{q'}^{''}(0) + \frac{t^3}{6}H_{q'}^{'''}(0) + \ldots \end{cases}$$

$$H_q(t) - H_{q'}(t) = t(H_q^{'}(0) - H_{q'}^{'}(0)) + \frac{t^2}{2}(H_q^{''}(0) - H_{q'}^{''}(0)) + \frac{t^3}{6}(H_q^{'''}(0) - H_{q'}^{'''}(0)) + \ldots$$

D'où $H_q(t) - H_{q'}(t)$ change de signe quand les premières coefficients non nuls sont ceux de $t^n$, avec $n$ impaire. Donc le point $z$ est un point transverse des deux courbes $H_q$ et $H_{q'}$ si et seulement si les premières différentielles différentes de $H_q(t)$ et $H_{q'}(t)$ sont les différentielles impaires. $\qquad\Xi$

L'approche géométrique s'intéresse aux points de $\mathbb{R}^2$ où les deux courbes sont non transverses et éléments de l'ensemble $E$ définit comme suit.

**Définition 44.** *On défini l'ensemble des points pour lesquels les champs de vecteurs $f_q(x)$ et $f_{q'}(x)$ sont colinéaires et de sens opposés par*

$$E = \{z \in \mathbb{R}^2 / \det(f_q(z), f_{q'}(z)) = 0 \text{ et } \langle f_q(z)|f_{q'}(z)\rangle < 0\}.$$

**Théorème 28.**

*Considérons le cycle limite hybride $CC(x_{c_q}, x_{c_{q'}})$ de $\mathbb{R}^2$ avec $x_{c_q} \neq x_{c_{q'}}$ tel qu'il existe au moins un point $x \in CC(x_{c_q}, x_{c_{q'}})$ vérifiant $f_q(x) \neq -f_{q'}(x)$. Si l'intérieur, $Int(CC(x_{c_q}, x_{c_{q'}}))$, du cycle ne contient aucun des points d'équilibre des deux modes de fonctionnement $q$ et $q'$, alors il existe l'ensemble $E$ des points pour lesquels les champs de vecteurs $f_q(x)$ et $f_{q'}(x)$ sont colinéaires et de sens opposés est non vide, de plus l'intersection $E \cap Int(CC(x_{c_q}, x_{c_{q'}}))$ est non vide.*

*Preuve :* voir [10].

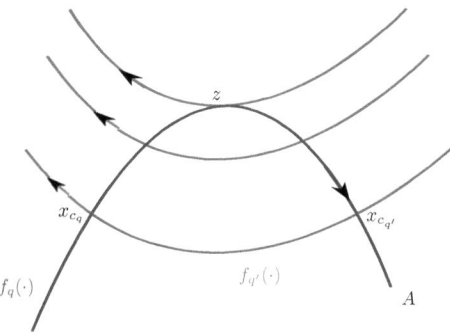

FIGURE 5.4 – Motivation géométrique du théorème 28.

La figure 5.4 illustre la motivation géométrique du théorème 28. En effet, considérons un cycle limite hybride $CC(x_{c_q}, x_{c_{q'}})$. On fixe une partie de la trajectoire de $f_q(\cdot)$ définie par $A = \{(x_{c_{q'}}, f_q(x), t) \text{ avec } 0 \leq t \leq \tau_q\}$. Ensuite, on trace toutes les portions de trajectoires de $f_q(\cdot)$ qui démarrent de chaque point de $A$ et qui sont à l'intérieur du cycle. Comme deux trajectoires du même champ de vecteurs ne se coupent jamais, nous obtenons une famille de cycles emboités. Par le lemme de Zorn [86], cette famille de cycles admet un élément minimal qui n'est pas un cycle (puisqu'à l'intérieur de ce cycle on peut toujours trouver un autre cycle) mais un point $z$. Ξ

**Théorème 29.** *Pour tout point $z \in E$ tel que les trajectoires issues des champs de vecteurs $f_q(\cdot)$ et $f_{q'}(\cdot)$ ne sont pas transverses en ce point, il existe un cycle limite hybride $CC(x_{c_q}, x_{c_{q'}})$ tel que $z \in Int(CC(x_{c_q}, x_{c_{q'}})) \cup CC(x_{c_q}, x_{c_{q'}})$, i.e., $z \in \overline{Int(CC(x_{c_q}, x_{c_{q'}}))}$*

*Preuve :* voir [11].

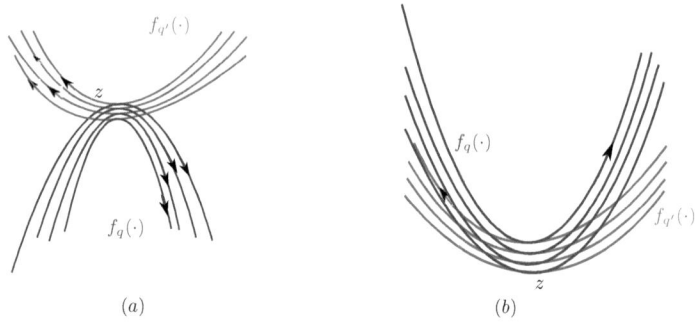

FIGURE 5.5 – Motivation géometrique du théorème 29

La figure 5.5 illustre la motivation géométrique du théorème 29. En effet, soit $z \in E$, les figures 5.3.a et 5.3.b montrent les deux formes possibles de trajectoires solutions de $f_q(z)$ et $f_{q'}(z)$ qui passent par ce point $z$. Sachant que les deux champs de vecteurs $f_q(z)$ et $f_{q'}(z)$ sont continus, il s'ensuit que les trajectoires issues de ces deux champs dans l'espace d'état ont une des deux formes données par les figures 5.5.a et 5.5.b dans un voisinage de $z$. Donc autour du point $z$, s'il existe, on peut toujours construire un cycle limite hybride. $\quad\Xi$

**Remarque 15.** *Dans le cas où les trajectoires solutions de $f_q(\cdot)$ et $f_{q'}(\cdot)$ sont transverses en $z \in E$, on ne peut construire un cycle limite hybride autour de $z$ (voir illustration à la figure 5.6).*

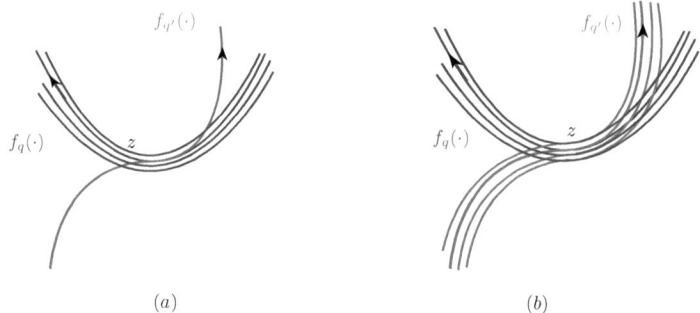

FIGURE 5.6 – Illustration graphique de la remarque 15

## 5.2.2 Application au Modèle à commutation 2D de la prolifération du *Typha*

Considérons le modèle $2D$ de la dynamique de prolifération du *Typha* défini par ses sous–systèmes

$$f_q(x) = \begin{cases} \dot{e} = ac(1-e-a) - (\gamma + \mu_e)e \\ \dot{a} = \gamma e - \mu_a a \end{cases} \quad \text{si } kT \leq t < (k+\alpha)T), \quad \text{mode } q$$

$$f_{q'}(x) = \begin{cases} \dot{e} = ac_r(1-e-a) - (\gamma + \mu_e)e \\ \dot{a} = \gamma e - \mu_a a \end{cases} \quad \text{si } (k+\alpha)T \leq t < (k+1)T) \quad \text{mode } q'$$

(5.1)

où $c = c_s + c_r$, $\alpha \in\, ]0,1[$ et $k \in \mathbb{N}$.

Le système moyen associé est le suivant

$$f(x) = \alpha f_q(x) + (1-\alpha)f_{q'}(x) = \begin{cases} \dot{e} = (\alpha c_s + c_r)a(1-e-a) - (\gamma+\mu_e)e \\ \dot{a} = \gamma e - \mu_a a \end{cases} \quad (5.2)$$

Ce système admet second point d'équilibre $x_d = \left( \dfrac{\mu_a}{R_{0,\alpha}} \dfrac{R_{0,\alpha}-1}{\gamma+\mu_a}, \dfrac{\gamma}{R_{0,\alpha}} \dfrac{R_{0,\alpha}-1}{\gamma+\mu_a} \right)$ lorsque $R_{0,\alpha}$ est supérieur à 1.

**Théorème 30.** *Le modèle à commutation $2D$ de la prolifération du Typha admet un cycle limite hybride autour du point d'équilibre $x_d$ du système moyen (5.2) si et seulement si $R_{0,\alpha} > 1$.*

*Preuve*

La preuve se fera en deux points : $(a)$ nous déterminons l'ensemble $E$ donné par la définition 44 ; puis, $(b)$ nous montrons que cet ensemble $E$ est non vide et contient le point $x_d$ si $R_{0,\alpha} > 1$ et que les deux champs de vecteurs sont non transverses en $x_d$.

$(a)$ Déterminons l'ensemble $E$ :

$$\text{Par définition : } E = \left\{ z \in \Omega \;/\; det(f_q(z), f_{q'}(z)) = 0 \text{ et } \langle f_q(z), f_{q'}(z) \rangle < 0 \right\}$$

Soit $z = (e,a) \in \Omega$ et $y = e + a$.

$$z \in E \iff \begin{cases} a = 0 \text{ ou } (1-y) = 0 \text{ ou } \gamma e - \mu_a a = 0, \text{ et} \\ \\ K_1 K_2 + (\gamma e - \mu_a a)^2 < 0 \end{cases} \quad (5.3)$$

où $K_1 = \Big[ca(1-y) - (\gamma + \mu_e)e\Big]$ et $K_2 = \Big[c_r a(1-y) - (\gamma + \mu_e)e\Big]$

Or, si $a = 0$ ou $(1-y) = 0$ alors $K_1 K_2 + (\gamma e - \mu_a a)^2 > 0$.

Donc pour tout $z = (e,a) \in E, a \neq 0$ et $(1-y) \neq 0$.

On en déduit que

$$z = (e,a) \in E \iff (e,a) \in \Omega \text{ tel que } \begin{cases} \gamma e - \mu_a a = 0, \\ \\ K_1 K_2 < 0 \end{cases}.$$

Comme $a \neq 0$, nous avons aussi $e \neq 0$ puisque $\gamma e = \mu_a a$

Donc les composantes d'un point $z \in E$ vérifient $e \neq 0, a \neq 0$ et $1 - e - a \neq 1$. Par conséquent, $z \in \overset{\circ}{\Omega}$. Ce qui implique que

$$E = \Big\{(e,a) \in \overset{\circ}{\Omega} \ / \ K_1 K_2 < 0, \ \gamma e - \mu_a a = 0\Big\}.$$

Comme $K_1 > K_2$ alors, $\Big(K_1 K_2 < 0 \iff K_1 > 0 \text{ et } K_2 < 0\Big)$

Or, $\begin{rcases} K_1 > 0 \\ K_2 < 0 \end{rcases} \iff \dfrac{(\gamma + \mu_e)e}{c_s + c_r} < a(1 - e - a) < \dfrac{(\gamma + \mu_e)e}{c_r}$

Puisque $a \neq 0$, alors

$\begin{rcases} K_1 > 0 \\ K_2 < 0 \end{rcases} \iff \dfrac{(\gamma + \mu_e)e}{(c_s + c_r)a} < (1 - e - a) < \dfrac{(\gamma + \mu_e)e}{c_r a}$

En utilisant la relation suivante

$$\gamma e - \mu_a a = 0 \iff \frac{e}{a} = \frac{\mu_a}{\gamma},$$

nous obtenons

$$\left.\begin{array}{l} K_1 > 0 \\ K_2 < 0 \end{array}\right\} \iff \frac{\mu_a(\gamma + \mu_e)}{(c_s + c_r)\gamma} < (1 - e - a) < \frac{\mu_a(\gamma + \mu_e)}{c_r \gamma}$$

ce qui implique que

$$z \in E \iff z \in \overset{\circ}{\Omega} \text{ tel que } \begin{cases} \dfrac{\mu_a(\gamma + \mu_e)}{(c_s + c_r)\gamma} < (1 - \dfrac{\mu_a}{\gamma}a - a) < \dfrac{\mu_a(\gamma + \mu_e)}{c_r \gamma} \\[2mm] \dfrac{\mu_a(\gamma + \mu_e)}{(c_s + c_r)\gamma} < (1 - e - \dfrac{\gamma}{\mu_a}e) < \dfrac{\mu_a(\gamma + \mu_e)}{c_r \gamma} \end{cases}$$

Donc

$$z \in E \iff z \in \overset{\circ}{\Omega} \text{ tel que } \begin{cases} \dfrac{\gamma}{(\gamma + \mu_a)}\left(\dfrac{R_{0,2} - 1}{R_{0,2}}\right) < a < \dfrac{\gamma}{(\gamma + \mu_a)}\left(\dfrac{R_{0,1} - 1}{R_{0,1}}\right) \\[2mm] \dfrac{\mu_a}{(\gamma + \mu_a)}\left(\dfrac{R_{0,2} - 1}{R_{0,2}}\right) < e < \dfrac{\mu_a}{(\gamma + \mu_a)}\left(\dfrac{R_{0,1} - 1}{R_{0,1}}\right) \end{cases}$$

où

$$R_{0,1} = \frac{(c_s + c_r)\gamma}{\mu_a(\gamma + \mu_e)} \quad \text{et} \quad R_{0,2} = \frac{c_r \gamma}{\mu_a(\gamma + \mu_a)}$$

Soit $D$ la droite d'équation $a = \dfrac{\gamma}{\mu_a} e$. $D$ est une droite qui passe par l'origine et qui coupe la partie du bord de $\Omega$ d'équation $e + a = 1$ au point $I = \left(\dfrac{\mu_a}{(\gamma + \mu_a)}, \dfrac{\gamma}{(\gamma + \mu_a)}\right)$. On note que ce point $I \notin E$.

Donc,

$$E = \overset{\circ}{\Omega} \cap ]P_1, P_2[,$$

où $P_1 = \left(\dfrac{R_{0,1} - 1}{R_{0,1}}\right) I$ et $P_2 = \left(\dfrac{R_{0,2} - 1}{R_{0,2}}\right) I.$

Soit $y_d = (e_{y_d}, a_{y_d}) \in ]P_2 P_1[$, les coordonnées de $y_d$ vérifient

$$e_{y_d} = e_{P_2} + \beta(e_{P_1} - e_{P_2})$$

et
$$a_{y_d} = a_{P_2} + \beta(a_{P_1} - a_{P_2})$$

où $\beta \in ]0, 1[$.

Alors, nous obtenons $e_{y_d} = \dfrac{\mu_a}{R_{0,\beta}} \dfrac{R_{0,\beta} - 1}{\gamma + \mu_a}$ et $a_{y_d} = \dfrac{\gamma}{R_{0,\beta}} \dfrac{R_{0,\beta} - 1}{\gamma + \mu_a}$.

Soit $y = (e_y, a_y)$. Il vient alors

$$y \in \overset{\circ}{\Omega} \cap ]P_1, P_2[ \iff \begin{cases} (e_y > 0, a_y > 0 \text{ et } e_y + a_y < 1) \\ \text{et} \\ e_y = \dfrac{\mu_a}{R_{0,\beta}} \dfrac{R_{0,\beta} - 1}{\gamma + \mu_a} \text{ et } a_y = \dfrac{\gamma}{R_{0,\beta}} \dfrac{R_{0,\beta} - 1}{\gamma + \mu_a}; \ \beta \in ]0, 1[ \end{cases}$$

$$y = (e_y, a_y) \in E \iff \begin{cases} e_y = \dfrac{\mu_a}{R_{0,\beta}} \dfrac{R_{0,\beta} - 1}{\gamma + \mu_a} \\ a_y = \dfrac{\gamma}{R_{0,\beta}} \dfrac{R_{0,\beta} - 1}{\gamma + \mu_a}; \quad \beta \in ]0, 1[. \\ R_{0,\beta} > 1, \end{cases} \quad (5.4)$$

(b) Montrons que les deux champs de vecteurs $f_q(\cdot)$ et $def_{q'}(\cdot)$ sont non transverses en tout point de $E$.

Soient $H_q(\mathbb{R})$ et $H_{q'}(\mathbb{R})$ les courbes paramétrées par $t$ décrivant les trajectoires solutions des champs de vecteurs respectives de $f_q(\cdot)$ et de $f_{q'}(\cdot)$.

Soit $y_d \in E$ un point de passage des deux courbes $H_q$ et $H_{q'}$. Avec un changement d'origine en $y_d$ (ceci en temps et en espace), et au voisinage de cette nouvelle origine, on peut écrire :

$$\begin{cases} H_q(0) = H_{q'}(0) = y_d, \\ H_q(t) = y_d + tH'_q(0) + \frac{t^2}{2}H''_q(0) + \frac{t^3}{6}H'''_q(0) + \ldots \\ H_{q'}(t) = y_d + tH'_{q'}(0) + \frac{t^2}{2}H''_{q'}(0) + \frac{t^3}{6}H'''_{q'}(0) + \ldots \end{cases} \quad (5.5)$$

Ce qui implique que

$$H_q(t) - H_{q'}(t) = t(H'_q(0) - H'_{q'}(0)) + \frac{t^2}{2}(H''_q(0) - H''_{q'}(0)) + \frac{t^3}{6}(H'''_q(0) - H'''_{q'}(0)) + \ldots$$

Au point $y_d$ nous avons $\gamma e_{y_d} - \mu_a a_{y_d} = 0$

$$\text{on a alors } H'_q(0) - H'_{q'}(0) = \begin{cases} c_s a_{y_d}(1 - e_{y_d} - a_{y_d}) \\ \\ 0 \end{cases}$$

et

$$H''_q(0) - H''_{q'}(0) = \begin{cases} c_s a_{y_d}\Big[c_s(1 - e_{y_d} - a_{y_d}) + (\gamma + \mu_1) - (1 - e_{y_d} - a_{y_d})(\gamma + \mu_1)\Big] \\ \\ \gamma c_s a_{y_d}(1 - e_{y_d} - a_{y_d}) \end{cases}$$

Donc

$$H_q(t) - H_{q'}(t) = \begin{cases} \frac{t^2}{2} c_s a_{y_d}\Big[c_s(1 - e_{y_d} - a_{y_d}) + (\gamma + \mu_1) - (1 - e_{y_d} - a_{y_d})(\gamma + \mu_1)\Big] \\ + t c_s a_{y_d}(1 - e_{y_d} - a_{y_d}) + \ldots \\ \\ \frac{t^2}{2} \gamma c_s a_{y_d}(1 - e_{y_d} - a_{y_d}) + \ldots \end{cases}$$

D'où $H_q(t) - H_{q'}(t)$ change de signe quand les premièrs coefficients non nuls sont ceux de $t^2$.

Donc, d'après le théorème 27, les deux courbes ne sont pas transverses au point $y_d$.

Ainsi, nous obtenons les conclusions suivantes :

(i) Si $R_{0,\alpha} > 1$, alors d'après la relation (5.4) le point $x_d$ appartient à $E$. Donc d'après le théorème 29, il existe de cycle limite hybride autour de $x_d$.

(ii) Si $R_{0,\alpha} \leq 1$, alors d'après la relation (5.4) le point $x_d$ appartient à l'orthant négatif par conséquent le modèle n'admet pas de cycle limite hybride autour de $x_d$. Ceci est la contraposé de la réciproque de (i) : si un cycle limite existe alors $R_{0,\alpha} > 1$.

$\boxempty$

**Corollaire 10.** *Si $R_{0,1} < 1$, alors le système à commutation n'admet pas de cycle limite hybride.*

**Corollaire 11.** *Si $R_{0,2} > 1$, alors le système à commutation admet un cycle limite hybride autour* de $x_d$.

## Conclusion

Dans ce chapitre, nous avons abordé l'existence d'un cycle limite hybride du modèle à commutation 2D de la prolifération du *Typha* lorsque $R_{0,\alpha} > 1$. La méthode utilisée est détaillée dans [11]; elle est basée sur une approche géométrique issue de la synthèse d'une loi de commande. Elle comprend deux étapes : tout d'abord, déterminer l'existence d'un cycle limite hybride optimal stable autour du point $x_d$ puis, trouver une séquence de commande hybride optimale (en temps, énergie, ...) qui permet d'atteindre ce cycle. Une condition nécessaire et suffisante d'existence et de stabilité d'un cycle limite hybride composé d'une séquence de deux modes de fonctionnement est donnée dans $\mathbb{R}^2$.

L'application de cette méthode à notre modèle réduit $2D$ se limite à la détermination de la condition d'existence d'un cycle limite hybride et elle nous a permis de montrer que si le paramètre $R_{0,\alpha}$ est strictement supérieur à 1 le modèle admet un cycle limite. Les conséquences de ce résultat sont :

(a) si les sous–systèmes qui composent le modèle à commutation $2D$ sont stables en $E_0$ alors le système à commutation n'admet pas de cycle limite hybride quel que soit les instants de commutation périodiques qu'on choisit;

(b) si les sous–systèmes qui composent le modèle à commutation $2D$ sont instables en $E_0$ alors le système à commutation admet un cycle limite hybride quelque soit les instants de commutation périodiques qu'on choisit;

(c) si l'un des sous-systèmes est stable et l'autre instable en $E_0$ alors l'existence d'un cycle limite hybride est gouvernée par la valeur de $R_{0,\alpha}$. Et dans ce cas si $R_{0,\alpha} > 1$ (c'est à dire la séquence de commutation périodique $\alpha = \dfrac{1 - R_{0,2}}{R_{0,1} - R_{0,2}} = \dfrac{1 - R_{0,2}}{R_{0,s}} > 1$) le système à commutation admet un cycle limite hybride. Sinon il n'existe pas de cycle limite hybride.

Puisque le taux de reproduction de base du sous–système qui modélise la dynamique prolifération de la plante en période de reproduction sexuée est toujours supérieur à celui qui modélise la dynamique prolifération de la plante en abscence de reproduction sexuée nous obtenons les deux résultats suivant :

(i) si $R_{0,2} > 1$ le système à commutation admet un cycle limite hybride, et

(ii) $R_{0,1} < 1$ le système à commutation n'admet pas un cycle limite hybride.

# Conclusion générale

Cette thèse est consacrée à l'étude de la dynamique de prolifération du Typha. Nous avons présenté les modèles et l'ensemble des méthodes déstinées à l'analyse des systèmes dynamiques énoncés dans les modèles. Trois grands thèmes ont été principalement abordés :

(a) la modélisation ;

(b) la simulation ;

(c) la stabilité ;

(d) la notion de cycle limite hybride.

Dans le premier chapitre de cette thèse, nous avons donné quelques définitions sur les aspects de la méthode de modélisation compartimentale que nous avons utilisée. Puis, nous avons présenté quelques notions sur les systèmes dynamiques continus dans l'objectif de les différencier. Ensuite, nous avons abordé les systèmes dynamique hybrides, plus particulièrement les SDC. Enfin, la notion d'exécution hybride qui correspond à la solution système dynamique hybrides, donc d'un SDC est présentée.

Dans le chapitre deux, nous avons d'abord présenté la biologie du Typha. Ensuite, nous avons utilisé l'approche de la modélisation compartimentale pour établir les équations du modèle. En exprimant l'idée que la reproduction sexuée est saisonnière, nous avons obtenu un modèle à commutation composé de deux sous-systèmes. En utilisant les notions énoncées dans le premier chapitre, nous avons pu montrer que les sous modèles ainsi que le modèle à commutation sont bien posés. L'existence et l'unicité de solution pour les sous-systèmes est assurée par le théorème de Cauchy–Lipschitz et celle du modèle à commutation est assurée par l'exécusion hybride. Nous avons terminé ce chapitre par une série de simulations numériques. Chaque simulation numérique fait l'objet d'un problème à résoudre dans les chapitres suivants.

Le chapitre 3 est consacré à l'étude du modèle simplié. Nous nous sommes intéressé à ce modèle de dimension deux pour avoir les prémisses des résultats du modèle de dimension trois.

Nous avons montré en dimension deux que les équilibres positifs des sous-systèmes sont globalement asymptotiquement stable lorsque leur taux de reproduction de base est supérieur à 1. La théorie de Floquet a été présentée dans cette partie, grâce à cette théorie, nous avons obtenu un résultat numérique sur la convergence du système à commutation lorsque le rayon spectral de la matrice de monodomie $\rho(M) < 1$. Ce résultat ne dépend pas de l'ordre de grandeur des valeurs des paramètres du modèle et il nous permet d'avoir numériquement la valeur de $\alpha$ qui au delà de cette valeur le système à commutation converge vers un cycle.

Le quatrième chapitre est consacré à l'étude du modèle de dimension trois. Dans une première partie, nous avons donné les bases mathématiques nécessaires à l'étude de la stabilité des systèmes dynamiques continus. Puis, nous avons montré que l'équilibre nul est globalement asymptotiquement stable pour chaque sous-système lorsque le taux de reproduction de base du sous-système considéré est inférieur à 1. Ensuite, nous avons montré que l'équilibre positif du système modélisant la dynamique de prolifération du Typha en absence de reproduction sexuée est globalement asymptotiquement stable lorsque son taux de reproduction de base est supérieur à 1, par contre, l'équilibre positif du sous-système modélisant la dynamique de prolifération du Typha en période de reproduction sexuée est localement asymptotiquement stable lorsque son taux de reproduction de base est supérieur à 1. Enfin, nous présentons la théorie de moyennisation et son application à notre modèle à commutation que lorsque les paramètres ont des valeurs assez petits. Et précisément, nous avons montré que le système à commutation converge vers l'équilibre nul si la moyenne des deux taux reproduction de base des sous-systèmes qui composent le modèle est inférieur à 1.

Le dernier chapitre est entièrement consacré à l'existence d'un cycle limite du modèle à commutation de dimension deux. La méthode utilisée s'appuie sur les propriétés géométriques des champs de vecteurs. Une condition nécessaire et suffisante d'existence d'un cycle limite hybride composé d'une séquence de deux modes de fonctionnement est présentée dans $\mathbb{R}^2$. Nous avons montré l'existence d'un cycle limite hybride pour notre modèle à commutation lorsque la moyenne des deux taux de reproduction de base est supérieur à 1. Dans le cas où cette moyenne est inférieure à 1, nous avons montré qu'il n'existe pas de cycle limite autour du point $x_d$ qui n'est rien d'autre que le point d'équilibre positif du système moyen.

Les études menées dans cette thèse ont montré que :
(i) le développement des rhizomes sont responsable du maintien du Typha. En effet les ré-

sultats ont montrés que si le taux de reproduction de base associé au développement des rhizomes $R_{0,2} > 1$ quelque soit la durée de l'émergence des jeunes pousses provenant des graines $R_{0,\alpha} > 1$. Ce qui entraine l'existence d'un cycle limite hybride et par conséquent la persistance du Typha dans le milieu.

(ii) Lorsque le développement des rhizomes est handicapé c'est-à-dire $R_{0,2} < 1$ et que le taux de reproduction de base propre du Typha $R_{0,1} > 1$, la persistance ou la disparition du typha pourrait être liée à la durée d'émergence des jeunes pousses provenant des graines. Dans ce cas, on peut mener une lutte qui entrainera la réduction de cette durée. Ce qui pourrait impliquer la disparition du typha.

(iii) Lorsque le taux de reproduction de base propre du Typha $R_{0,1} < 1$, quelque soit la durée d'émergence des jeunes pousses provenant des graines $R_{0,\alpha} < 1$. Le Typha pourrait disparaitre dans le milieu. Notre modèle montre qu'il serait inutile d'effectuer une lutte sur les conditions de réduction de la durée d'émergence des jeunes pousses provenant des graines.

En utilisant l'expression de

$$R_{0,\alpha} = \alpha R_{0,1} + (1-\alpha) R_{0,2} = \alpha(R_{0,1} - R_{0,2}) + R_{0,2},$$

on en déduit que le systéme à commutation converge vers l'équilibre sans plante $E_0$ si

$$\alpha < \frac{1-R_{0,2}}{R_{0,1}-R_{0,2}} = \frac{1-R_{0,2}}{R_{0,s}}, \quad \text{où} \quad R_{0,s} = \frac{c_s \gamma}{\mu_a(\gamma + \mu_e)}.$$

On défini ainsi un seuil $\alpha_c = \dfrac{1-R_{0,2}}{R_{0,s}}$ (alpha critique) qui gouverne la convergence des solutions du modèle à commutation. Si on réduit la durée d'émergence des jeunes pousses provenant des graines de telle sorte que $\alpha < \alpha_c$ les solutions du modèle à commutation vont converger vers $E_0$.

Ainsi pour lutter contre la prolifération du Typha, nous suggérons impérativement effectuer une lutte combinée c'est-à-dire lutter contre le développement des rhizomes en même temps réduire la durée d'émergence des jeunes pousses provenant des graines.

En perspective de cette partie, il serait intéressant d'étudier la stabilité globale de l'équilibre positif du sous-systèmes modélisant la dynamique de prolifération du Typha en période de reproduction sexuée. Puis, montrer l'existence de cycle limite hybride pour le modèle de dimension trois. Et enfin, un objectif intéressant serait de faire un couplage de modèle avec la dynamique de l'eau.

# Bibliographie

[1] Adam J. G. Présence de deux espèces de *Typha* dans la presqu'île du cap-Vert. *Bulletin IFAN* Dakar 23 (2). (1961).

[2] Adam J. G. Contribution à l'étude de la végétation du lac de Guiers (Sénégal). *Bulletin IFAN* 26 (1) : 1-72. (1964).

[3] Anderson, R.M. and May, R.M. Infectious Diseases of Humans. *Dynamics and Control. Oxford University Press*. (1991).

[4] Anosov D. V. and Arnold V. I. Dynamical Systems I, Ordinary Differential Equations and Smooth Dynamical Systems, *Encyclopaedia of Mathematical Sciences, Springer-Verlag*. (1988).

[5] Apfelbaum S. I. Cattail (*Typha* spp.) management. *Natural Areas journal*. 5(3) : 9-17. (1985).

[6] Arscott, F. M. Periodic differential equations. *Pergamon*. (1964).

[7] Asaeda, Takashi, Hai, Ngoc Dinh, Manatunge, Jagath, Williams, David Roberts and Jane. Caractéristiques latitudinaux de dessous et la biomasse aérienne de *Typha* : une approche de modélisation. *Annals of Botany* vol. 96 numéro 2 p. 299-312. Août (2005).

[8] Bak T., Bendtsen J. and Ravn A.P. Hybrid control design for a wheeled mobile robot, Hybrid Systems : *Computation and Control,* O. Maler, Amir Pnueli (Eds), no. 2623 in LNCS, pp 50-65, Spinger. 2003.

[9] Belta C., Schug J., Dang T., Kumar V., Mintz M., Pappas G. J., Rubin H., Dunlop P., Stability and reachability analysis of a hybrid model of luminescence in the marine bacterium Vibrio fischeri, *Proc. IEEE Conf. on Decision and Control,* pp 869-874. (2001).

[10] Ben J. S., Valentin C., Jerbi H. and Xu C.Z. Geometric synthesis of an optimal hybrid limit cycle and non-linear switched dynamical system stabilizing control. *Systems and Control Letters*, volume 60 : 967-976. (2011).

[11] Ben J. S. Analyse et commande des systèmes non linéaires complexes : Application aux systèmes dynamiques à commutation. *Thèse LYON 1*. décembre 2009.

[12] Bemporad A., Borodani P. and Manneli M. Hybrid control of an automotive robotized gearbox for reduction of consumptions and emissions, Hybrid Systems : *Computation and Control*, O. Maler, Amir Pnueli (Eds), no. 2623 in LNCS, pp 81-96, Spinger. (2003).

[13] Berhaut J. Flore du Sénégal, 2ème édition. *Librairie Claireafrique, Dakar.* 485 p. (1967).

[14] Blanchon D. Impacts environnementaux et enjeux territoriaux des transferts d'eau inter bassins en Afrique du Sud. *Thèse Université de Paris X Nanterre.* 624 p. (2003).

[15] Boudjellaba H and Sari T. Dynamic transcritical bifurcations in a class of slow-fast predator-prey models. *J. Differential Equations*, no. 6, 2205–2225, 246. (2009).

[16] Butler G. J. and Waltman P. Persistence in dynamical systems. *J. Differential Equations* no 63, 255-263. (1986).

[17] Butler G. J., Freedman H. I., and Waltman P. Uniformly persistent systems. *Proc. Am. Math. Soc.* 96, 425-430. (1986).

[18] Campbell. Théorie générale de l'équation de Mathieu. *Masson et Cie.* (1964).

[19] Cherruault Y. Mathematical Modelling in Biomedicine : *Optimal Control of Biomedical Systems, Kluwer.* (1986).

[20] Cherruault Y. Modèles et méthodes mathématiques pour les sciences du vivant. *Presses Universitaires de France (P.U.F).* (1998).

[21] Cherruault Y. Biomathématiques, Coll. Que sais je ? ($n^0$ 2052) *Presses Universitaires de France (P.U.F).* (1983).

[22] Coddington E. A. and Levinson N. Theory of ordinary differential equations. *McGraw-Hill, New York.* (1955).

[23] Collectif. Biologie et écologie des espèces végétales proliférant en France. Synthèse bibliographique. *Les études de l'Agence de l'eau.* no 68, pp. 199 pp. (1997).

[24] Diagne M. L, N'diaye P. I., Hanne P.D., Noba K. et Niane M. T. Modélisation de la prolifération du *Typha* au voisinage d'un ouvrage hydraulique. *En préparation*.

[25] P. Demailly. Analyse numérique et équations différentielles. *Collection Grenoble sciences)*. (1996).

[26] Diekmann, O. and Heesterbeek. Mathematical Epidemiology of Infectious Diseases. *Model Building, Analysis and Interpretation*. John Wiley and Son, Ltd. (2000).

[27] Edward G., Thompson T. L., Robert F., James R., Donald B. Effects of salinity on growth and evapotranspiration of Typhadomingensis Pers., *Environmental Research Laboratory, USA*. 16 May (1995).

[28] El-Farra N.H. and Christofides P.D. Switching and feedback laws for control of constrained switched nonlinear systems, Hybrid Systems : *Computation and Control* C.J. Tomlin, M.R. Greenstreet (Eds), nř. 2289 in LNCS, pp 164-178, Springer. (2002).

[29] Faye V. M. Etat actuel des peuplements de *Typha* domingensis Pers. Dans le delta du fleuve Sénégal et étude au laboratoire de la germination de la plante. *Mémoire de DEA. ISE, UCAD. 51 p.* (2004).

[30] Filippov A.F, Differential equations with discontinuous right-hand side, *Kluver Academic Publishers*. (1988).

[31] Floquet G. Sur la théorie des équations différentielles. *Annales scientifiques de l'ENS, 8 : 3 132.* (1879).

[32] Freedman H.I., Ruan S., Tang M. Uniform persistence and floows near a closed positively invariant set, *J. Dynamics Differential Equations* 583, 6. (1994).

[33] Antoine G. Analyse Algorithmique des Systèmes Hybrides. *Thèse Institut National Polytechnique de Grenoble*. Septembre (2004).

[34] Godin J. Les zones humides. Cours de l'option "Ecosystèmes" de Maîtrise de Biologie des Populations et des Ecosystèmes. *Université des Sciences et Technologies de Lille*. (2001).

[35] Gonnord and Tosel N. Topologie et analyse fonctionnelle : Thèmes d'analyse pour l'agrégation. *Ellipses*. (1998).

[36] Asarin E. and Dang T. Abstraction by projection and application to multi-affine systems, Hybrid Systems : *Computation and Control, R. Alur, G.J. Pappas (Eds)*, no. 2993 in LNCS, pp 32-47, Springer. (2004).

[37] Hai D. N., Asaeda T. and Manatunge J. Latitudinal effect on the growth dynamics of harvested stands of *Typha. A modeling approach, Estuarine, Coastal and Shelf Science* 613-620, 70. (2006).

[38] Hethcote H. W. The mathematics of infectious diseases. *SIAM* Review 42 : 599-653. (2000).

[39] Henning R. K. Valorisation du *Typha* comme combustible domestique en Afrique de l'ouest et en Europe. Rapport de synthèse. *http ://home :t-online.de*. (2001).

[40] Hutchinson J. Flora of the West Tropical Africa. The crown agents for oversea governments and administrations. *Millbank, London*. 276 p. (1968).

[41] Garavello M., Piccoli B., Hybrid necessary principles : an application to a car with gears, *Proc. IFAC Conf. ADHS 2003, Elsevier.* (2003).

[42] Jamin J. Y., La double culture du riz dans la vallée du fleuve Sénégal. *Cahiers de la Recherche Développement. Montpellier* 12 : 65-77. (1986).

[43] J. Lygeros, K.H. Johansson, S. Sastry, M. Egerstedt, On the existence of executions of hybrid automata, *Proc. IEEE Conf. on Decision and Control.* (1999).

[44] K.H. Johansson, J. Lygeros, S. Sastry, M. Egerstedt, Simulation of Zeno hybrid automata,*Proc. IEEE Conf. on Decision and Control.* (1999).

[45] Kamgang J.C. and Sallet G. Computation of threshold conditions for epidemiological models and global stability of the disease-free equilibrium (DFE) *Math. Biosci*, no. 1, 1–12, 213. (2008).

[46] Khalil H. K. Non linear Systems. *Third Edition Prentice Hall*, ISBN 0-13-067389-7. (2002).

[47] Keddy P. A. and Ellis T. H. Seedling recruitment of 11 wetland plant species along a water level gradient : shared or distinct responses ? *Can. J. Bot.* 63 : 1876-1879. (1985).

[48] Keeling, M.J. et Rohani. Modelling Infectious Diseases in Humans and Animals. *Princeton University Press.* (2007).

[49] Kramer A., Kretzschmar M., Krickeberg K., Modern Infectious Disease Epidemiology : Concepts, Methods, Mathematical Models, and Public Health, *Springer.* 2010.

[50] Kuiseu J. Flore et végétation aquatique du delta du fleuve Sénégal. *Emerging Infectious Diseases*, vol 11, No 11, 1693-1700 (2005). Mémoire de DEA. ISE, UCAD. 56 p. (1998).

[51] J. Kurzweil. On the Inversion of Liapunov's Second Theorem on Stability of Motion. *Amer. Math. Soc. Transl.*, vol. 24, pages 19 -77. (1963).

[52] Lloyd A.L. Destabilization of epidemic models with the inclusion of realistic distributions of infectious periods. *Proc Biol Sci*, 268 : 985–993. (2001).

[53] Lobry C., Sciandra A., Nival P. Paradoxical effects on growth and competition induced by fluctuations in environment. *C. R. Acad. Sci.*, 102-107, 317. (1994).

[54] Lobry C., Sari T. The peaking phenomenon and singular perturbations. *ARIMA Rev. Afr. Rech. Inform. Math. Appl.*, 487–516, 9. (2008).

[55] A. Lotka, contribution to the analysis of malaria epidemiology,*Am. J. Trop. Med. Hyg.*, 3, pp. 1-121. (1923).

[56] J. Mancilla-Aguilar and R. Garcia. A converse Lyapunov theorem for nonlinear switched systems.*Systems and Control Letters*, 41 : 67-71. (2000).

[57] A.S. Matveev, A.V. Savkin, Qualitative theory of hybrid dynamical systems, *Birkhauser*, (2000).

[58] Moerkerk M. *Typha* spp. http ://www.weedman.horsman.net.au/weds/Typha-ssp/Typha. (2000).

[59] Motivans K. and Apfelbaum S. Elements Stewardship Abstract for *Typha* ssp *The Nature Conservancy*. *17 p*. (2000).

[60] Philippe C., Kane A., Handschumacher P. and Miletton M. Aménagements hydrauliques et gestion de l'environnement dans le delta du fleuve Sénégal. in Pratiques de gestion de l'environnement dans les pays tropicaux, *DYMSET, CRET, Espaces tropicaux* no 15, 389-401. (1998).

[61] Roseau M. Equations différentielles *Masson* (1975).

[62] Rook E. J. S. *Typha* latifolia, Common cattail.
http ://www.rook.org/earl/bwca/nature/aquatics/typhaan.html-29k. ( 2002).

[63] Sanders J.A. ,Verhulst F. ,Murdock, J. Averaging for ordinary differential equations and functional differential equations. *New York : Springer*, 2nd ed. ( 2007)

[64] Sari T. Averaging methods in nonlinear dynamical systems *The strength of nonstandard analysis*, 286–305, Springer Wien New York, Vienna, (2007).

[65] Sari T. Introduction aux systèmes dynamiques et applications à un modèle cosmologique.
http ://www.umpa.ens-lyon.fr/ zeghib/sari.pdf

[66] Sarr A. Les groupes végétaux de la basse vallée du Ferlo (Sénégal). *Mémoire de DEA. ISE, UCAD Dakar. 57 p.* (1996).

[67] Sarr N. L. Aspects socio-économiques de la prolifération de *Typha* domingensis dans le delta du fleuve Sénégal., Mémoire de DEA, ISE, UCAD Dakar, 49 p. (2003).

[68] Sontag E. D. A concept of local observability *Systems Control Letters* 5(1) 41 – 47. (1984).

[69] Sean D. White and George G. The influence of convective flow on rhizome length in *Typha* domingensis over a water depth gradient : *Adelaide University (Australie)*. (1998).

[70] Sean D. W., Brian M. D. and George G. G. The influence of water level fluctuations on the potential for convective flow in the emergent macrophytes *Typha* domingensis and Phragmites australis : *Adelaide University, dans la revue School of Earth and Environmental Science*. janvier 2007.

[71] S. Simic, K.H. Johansson, S. Sastry, J. Lygeros, Towards a geometric theory of hybrid systems, Hybrid Systems : *Computation and Control, N. Lynch, B. H. Krogh (Eds)*, no. 1790 in LNCS, pp 421-436, Springer. (2000).

[72] Hal L. S. and Paul W. The Theory of the Chemostat : Dynamics of Microbial Competition *Cambridge Studies in Mathematical Biology*. (1995).

[73] Thiam A. Flore et végétation aquatiques des zones inondables du fleuve Sénégal et le lac de Guiers. *AAU Reports* , 39 : 245-257. (1998).

[74] Thieme H. R. Convergence results and a Poincare–Bendixson trichotomy for asymptotically autonomous differential equations. *Journal of Mathematical Biology* 30 : 755-63. (1992).

[75] H. R. Thieme, Mathematics in Population Biology, *Princeton Series in Theoretical and Computation Biology, Princeton University Press*. (2003).

[76] Theuerkorn W. and Henning R. K. Energies renouvelables : *Typha* australis, menace ou richesse ? Comité permanent Inter-Etats de Lutte contre la Sécheresse dans le Sahel. *Bundesministerium fur wirtschaftliche*. 28 p. (2005).

[77] Tomlin C., Pappas G.J., Lygeros J., Godbole D.N., Sastry S. Hybrid control models of next generation air traffic management, *Hybrid Systems IV*, no 1273 in LNCS, Springer. (1997).

[78] Treca B. Les dégats aux semis de riz causés par les oiseaux d'eau dans le Delta du fleuve Sénégal. *Dakar. OSTOM*, 13p. (1989).

[79] Vidyasagar M. Nonlinear Systems Analysis, second edition. *Prentice Hall International*. (1993).

[80] Viel F. Stabilitè des systèmes non–linéaires contrôlés par retour d'état estimé. Application aux réacteurs de polymérisation et aux colonnes à distiller. *PhD thesis, Université de Rouen.* (1994).

[81] Viel F., Busvelle E. and Gauthier J. P. Stability of polymerization reactors using I/O linearization and a high-gain observer. *Automatica* 31 :971-984. (1995).

[82] Vito Volterra et Marcel Brelot, Théorie mathématique de la lutte pour la vie, *Paris, Éditions Gauthier-Villars*, (réimpr. facsimile 1990 aux éd. J. Gabay), 216 p. (1931).

[83] V. Volterra. Variations and fluctuations of the number of individuals in animal species living together. *In Animal Ecology. McGraw-Hill.* (1931).

[84] Yeo R. R. Life history of common cattail. *Weed 12* : 284-288. (1964).

[85] Willems J. L. Stability Theory of Dynamical Systems *New York : Nelson.* (1970).

[86] Zorn M. A remark on method in transfinite algebra. *Bull. Amer. Math. Soc*, 41 :667-670. (1935).

[87] Zuily C. and Queffelec H. Eléments d'analyse pour l'agrégation. *Masson.* (1996).

[88] http ://whc.unesco.org/fr/list/25 *N16 30 0 W16 10 0.012.* (1981).

# i want morebooks!

Buy your books fast and straightforward online - at one of the world's fastest growing online book stores! Environmentally sound due to Print-on-Demand technologies.

## Buy your books online at
## www.get-morebooks.com

Achetez vos livres en ligne, vite et bien, sur l'une des librairies en ligne les plus performantes au monde!
En protégeant nos ressources et notre environnement grâce à l'impression à la demande.

## La librairie en ligne pour acheter plus vite
## www.morebooks.fr

OmniScriptum Marketing DEU GmbH
Heinrich-Böcking-Str. 6-8
D - 66121 Saarbrücken
Telefax: +49 681 93 81 567-9

info@omniscriptum.de
www.omniscriptum.de

Printed by Books on Demand GmbH, Norderstedt / Germany